Istio 实战指南

马若飞 著

人民邮电出版社

北京

图书在版编目（CIP）数据

Istio实战指南 / 马若飞著. -- 北京：人民邮电出版社，2019.9（2022.1重印）
ISBN 978-7-115-51573-5

Ⅰ. ①I… Ⅱ. ①马… Ⅲ. ①互联网络－网络服务器－指南 Ⅳ. ①TP368.5-62

中国版本图书馆CIP数据核字(2019)第130053号

内 容 提 要

本书是Istio服务网格技术的入门图书。全书分为9章，深入浅出地介绍了Istio的相关知识，结合大量的示例，清晰而详细地阐述了Istio的主要特性。

本书的第1章介绍了服务网格的起源和发展，第2～4章介绍了Istio的基本概念和安装部署等内容。第5～8章采用实例练习的方式详细地介绍了Istio的流量管理、策略和遥测的配置、可视化工具的集成以及与安全相关的特性，这部分是全书的重点，可以帮助读者学以致用，把Istio应用到真实的项目开发中。第9章是进阶内容，介绍了在云平台集成Istio的方式、高级流量控制以及调试和故障排除的内容。本书的附录部分列举了安装选项、属性词汇表、表达式语言、适配器列表和istioctl命令，供读者查阅参考。

本书适合有一定Kubernetes基础，对服务网格和Istio技术感兴趣的开发人员和运维人员阅读。

◆ 著　　马若飞
责任编辑　陈聪聪
责任印制　焦志炜

◆ 人民邮电出版社出版发行　北京市丰台区成寿寺路11号
邮编　100464　电子邮件　315@ptpress.com.cn
网址　http://www.ptpress.com.cn
北京七彩京通数码快印有限公司印刷

◆ 开本：800×1000　1/16
印张：14.25　　　　　　2019年9月第1版
字数：258千字　　　　　2022年1月北京第2次印刷

定价：59.00元

读者服务热线：(010)81055410　印装质量热线：(010)81055316
反盗版热线：(010)81055315
广告经营许可证：京东市监广登字20170147号

前言

写作初衷

2017年年初，我所在的公司开始对整个业务系统进行重构和微服务化，替换掉因业务发展而不堪重负的、运行了10年的庞大的单体应用。我有幸作为小组技术负责人，负责部分业务的微服务架构的设计和开发工作。

随着微服务迁移工作的深入，服务化过程中遇到的问题越来越多，痛点也越加明显。当我们的业务被拆分成若干个服务时，不可避免地要进行服务之间的交互，很多时候需要多个服务共同协作才能完成一个完整的业务流程。在这种情况下，服务间的通信问题也暴露得更加明显。我开始思考如何实现分布式系统的弹性设计，以及解决容错、监控等问题。

我偶然通过阅读"What's a service mesh? And why do I need one?"这篇文章接触到服务网格概念，并了解到它是解决微服务通信问题的好帮手。与此同时，Istio 也发布了 1.0 版本。在仔细了解了 Istio 的整体技术架构后，我深深地被这种优雅的设计所折服，各组件职责清晰、松散耦合，数据平面可替换，Mixer 的适配器模式又提供了强大的可扩展性。加之 Google、IBM 和 Lyft 的支持，我预感 Istio 会和 Kubernetes 一样，成为又一个明星级的产品。

服务网格是一个新颖的概念，Istio 作为它的一个实现产品，诞生也不到两年的时间，网络上很难找到相关的学习资源，主要的学习资料就是 Istio 官方提供的文档。这份文档虽然十分详尽地介绍了 Istio 的方方面面，但语言较为晦涩，内容组织也不适合初学者。加之市面上有关这方面的图书很少，我个人又有写技术博客的习惯，这让我萌生了自己整理一份服务网格学习笔记的想法。

很巧，本书的责任编辑陈聪聪在 ServiceMesher 社区看到了我翻译的一些文章，于是联系到我，询问是否有兴趣出版一本有关服务网格的图书。在她的鼓励下，我毅然决然地把大部分业余时间都投入到了写作中，并经历了一个漫长而艰苦的创作过程。我乐于分享技术并从中体会分享的喜悦；然而图书写作和博客写作最大的不同就是收获喜悦的过程太过漫长了，好在经过不懈努力，在编辑的帮助下终于促成了本书的出版。

本书的定位是一本 Istio 入门图书，主要面向那些想了解服务网格，并通过学习把 Istio 服务网格集成在自己的微服务应用里的开发人员和运维人员。若读者对 Kubernetes 有一定的了解，会方便理解书中相关的概念。

内容组织

本书的内容编排以实践为主，涵盖了 Istio 的主要特性。通过由浅入深的方式让读者能够循序渐进地掌握 Istio 的理论知识并付诸实践。

第 1 章和第 2 章是理论知识，通过分析微服务架构存在的问题来引出服务网格的起源，让读者能够很自然地理解其概念。接着对 Istio 的架构、功能特性等做了较为详细的介绍，为后续的实践打下基础。

第 3 章和第 4 章聚焦在开发环境的准备上。为了后续进行练习，需要安装 Istio 以及官方的示例应用。为照顾到初学者，详细地介绍了如何从零开始搭建 Istio 的开发环境，包括 Go 语言环境、Docker、Kubernetes 等必要的开发工具。

第 5~8 章是全书的重点，也是实战演练的部分。读者可通过多种多样的实例来学习 Istio 的绝大多数功能，并体会 Istio 的架构设计特点。在每一章节的实例内容之前，特意添加了对实例中出现的各种理论、关键词、工具等概念的解释，方便初学者弥补可能缺失的知识点，更好地完成实例的练习。

第 9 章编排了一部分进阶内容，包括云平台的集成、高级流量控制以及调试和故障排除，方便有需要的读者更深入地了解这些知识。最后的附录介绍了安装选项、属性词汇表、表达式语言、适配器列表和 istioctl 命令，可作为手册参考。

版本及配套资源

本书成稿时 Istio 官方推出了 1.1 版本,因此示例也基于 1.1 版本进行编写。本书的所有示例代码可以直接在 Istio 的安装包内找到,也可以从本书的配套资源中获取。

感谢

写作是一个漫长而枯燥的过程,需要查阅大量的资料,反复地修改、推敲,没有毅力很难坚持下来。非常有幸能遇到出版本书的责任编辑陈聪聪,在她的鼓励和帮助下才促成了本书的出版,并且她在文字、内容编排等多个方面给予了我非常宝贵的建议。

感谢在写作过程中帮助过我的同事、朋友,特别感谢 ServiceMesher 社区,作为活跃的服务网格技术中文社区,在和创始人宋净超以及其他成员的交流中我获益良多。

最后要感谢我的家人,感谢我的妻子一直在默默地支持我的创作;感谢我的两个可爱的孩子——Mina 和函宝。写作的过程中很少能陪伴在你们身边,以后我会弥补之前错过的时光。我爱你们。

作者简介

马若飞,FreeWheel 主任软件工程师,ServiceMesher 社区成员、译者。近 15 年的软件、互联网行业从业生涯,对分布式系统、微服务的设计和开发具有丰富的经验和深刻的理解。目前在 FreeWheel 负责微服务相关的架构设计和开发工作,热衷于技术的探索与分享。

资源与支持

本书由异步社区出品，社区（https://www.epubit.com/）为您提供相关资源和后续服务。

配套资源

本书提供如下资源：

- 本书配套资源请到异步社区本书购买页处下载。

要获得以上配套资源，请在异步社区本书页面中点击 ，跳转到下载界面，按提示进行操作即可。注意：为保证购书读者的权益，该操作会给出相关提示，要求输入提取码进行验证。

提交勘误

作者和编辑尽最大努力来确保书中内容的准确性，但难免会存在疏漏。欢迎您将发现的问题反馈给我们，帮助我们提升图书的质量。

当您发现错误时，请登录异步社区，按书名搜索，进入本书页面，点击"提交勘误"，输入勘误信息，单击"提交"按钮即可。本书的作者和编辑会对您提交的勘误进行审核，确认并接受后，您将获赠异步社区的 100 积分。积分可用于在异步社区兑换优惠券、样书或奖品。

扫码关注本书

扫描下方二维码，您将会在异步社区微信服务号中看到本书信息及相关的服务提示。

与我们联系

我们的联系邮箱是 contact@epubit.com.cn。

如果您对本书有任何疑问或建议,请您发邮件给我们,并请在邮件标题中注明本书书名,以便我们更高效地做出反馈。

如果您有兴趣出版图书、录制教学视频,或者参与图书翻译、技术审校等工作,可以发邮件给我们;有意出版图书的作者也可以到异步社区在线提交投稿(直接访问www.epubit.com/selfpublish/submission 即可)。

如果您是学校、培训机构或企业,想批量购买本书或异步社区出版的其他图书,也可以发邮件给我们。

如果您在网上发现有针对异步社区出品图书的各种形式的盗版行为,包括对图书全部或部分内容的非授权传播,请您将怀疑有侵权行为的链接发邮件给我们。您的这一举动是对作者权益的保护,也是我们持续为您提供有价值的内容的动力之源。

关于异步社区和异步图书

"**异步社区**"是人民邮电出版社旗下IT专业图书社区,致力于出版精品IT技术图书和相关学习产品,为作译者提供优质出版服务。异步社区创办于2015年8月,提供大量精品IT技术图书和电子书,以及高品质技术文章和视频课程。更多详情请访问异步社区官网https://www.epubit.com。

"**异步图书**"是由异步社区编辑团队策划出版的精品IT专业图书的品牌,依托于人民邮电出版社近30年的计算机图书出版积累和专业编辑团队,相关图书在封面上印有异步图书的LOGO。异步图书的出版领域包括软件开发、大数据、AI、测试、前端、网络技术等。

异步社区

微信服务号

目录

第 1 章 服务网格 ... 1
1.1 服务端架构的发展——从单体应用到微服务 ... 1
1.1.1 单体应用 ... 1
1.1.2 多层结构 ... 3
1.1.3 面向服务的架构 ... 4
1.1.4 微服务架构 ... 5
1.2 微服务架构的痛点 ... 6
1.3 服务网格的发展 ... 7
1.3.1 耦合阶段 ... 7
1.3.2 封装公用库 ... 8
1.3.3 Sidecar 模式 ... 9
1.3.4 服务网格出现 ... 11
1.4 什么是服务网格 ... 12
1.4.1 基本概念 ... 12
1.4.2 服务网格的功能 ... 12
1.5 服务网格产品介绍 ... 14
1.5.1 Linkerd ... 14
1.5.2 Envoy ... 14
1.5.3 Istio ... 15
1.5.4 其他 ... 16
1.6 小结 ... 17

目录

第 2 章 Istio 入门 ··········· 18
2.1 什么是 Istio ··········· 18
2.2 Istio 的架构 ··········· 19
2.3 Istio 的核心控件 ··········· 20
2.3.1 Envoy ··········· 20
2.3.2 Pilot ··········· 21
2.3.3 Mixer ··········· 22
2.3.4 Citadel ··········· 23
2.3.5 Galley ··········· 23
2.4 Istio 的主要功能 ··········· 23
2.4.1 流量管理 ··········· 23
2.4.2 策略和遥测 ··········· 27
2.4.3 可视化 ··········· 28
2.4.4 安全 ··········· 28
2.5 小结 ··········· 30

第 3 章 Istio 的安装和部署 ··········· 32
3.1 准备工作 ··········· 32
3.1.1 安装 Go 语言 ··········· 32
3.1.2 安装 Docker ··········· 35
3.1.3 Kubernetes 平台搭建 ··········· 37
3.2 安装 Istio ··········· 42
3.2.1 下载安装包 ··········· 43
3.2.2 安装 Helm ··········· 43
3.2.3 使用 Helm 安装 Istio ··········· 44
3.2.4 确认安装结果 ··········· 47
3.2.5 问题处理 ··········· 49
3.3 小结 ··········· 50

第 4 章 Bookinfo 应用 ··········· 51
4.1 什么是 Bookinfo 应用 ··········· 51
4.2 部署 Bookinfo 应用 ··········· 53
4.2.1 安装和部署 ··········· 53

        4.2.2 默认目标规则 61
    4.3 小结 61
第 5 章 流量管理 63
    5.1 流量管理中的规则配置 63
        5.1.1 VirtualService 64
        5.1.2 DestinationRule 67
        5.1.3 ServiceEntry 68
        5.1.4 Gateway 69
    5.2 流量转移 70
        5.2.1 蓝绿部署 70
        5.2.2 金丝雀发布 76
        5.2.3 A/B 测试 79
    5.3 超时和重试 80
        5.3.1 超时 81
        5.3.2 重试 83
    5.4 控制入口流量 84
        5.4.1 确定入口 IP 和端口 85
        5.4.2 配置网关 86
    5.5 控制出口流量 89
        5.5.1 启动 Sleep 服务 89
        5.5.2 配置外部服务 90
        5.5.3 配置外部 HTTPS 服务 92
        5.5.4 为外部服务设置路由规则 93
    5.6 熔断 94
        5.6.1 熔断简介 94
        5.6.2 设置后端服务 95
        5.6.3 设置客户端 96
        5.6.4 触发熔断机制 97
    5.7 小结 99
第 6 章 策略与遥测 100
    6.1 Mixer 的工作原理 100

6.2 限流策略 ... 103
6.2.1 Mixer 配置项 ... 104
6.2.2 客户端配置项 ... 105
6.2.3 有条件的限流 ... 106
6.3 黑名单和白名单策略 ... 107
6.3.1 初始化路由规则 ... 107
6.3.2 用 Denier 适配器实现黑名单 ... 108
6.3.3 用 List 适配器实现黑白名单 ... 109
6.4 遥测 ... 111
6.4.1 收集新的指标数据 ... 111
6.4.2 指标配置解析 ... 113
6.4.3 日志配置解析 ... 114
6.4.4 用 Prometheus 查看指标 ... 114
6.5 小结 ... 115

第 7 章 可视化工具 ... 117
7.1 分布式追踪 ... 117
7.1.1 启动 Jaeger ... 118
7.1.2 生成追踪数据 ... 119
7.1.3 追踪原理 ... 120
7.2 使用 Prometheus 查询指标 ... 121
7.2.1 Prometheus 简介 ... 121
7.2.2 查询 Istio 指标 ... 122
7.3 用 Grafana 监控指标数据 ... 124
7.3.1 Grafana 简介 ... 124
7.3.2 安装 Grafana ... 124
7.3.3 指标数据展示 ... 125
7.4 服务网格可视化工具——Kiali ... 127
7.4.1 Kiali 简介 ... 127
7.4.2 安装和启动 Kiali ... 128
7.4.3 使用 Kiali 观测服务网格 ... 129
7.5 使用 EFK 收集和查看日志 ... 132

	7.5.1 集中式日志架构	132
	7.5.2 安装 EFK	133
	7.5.3 用 Kibana 查看生成的日志	140
7.6	小结	142

第 8 章 安全 ... 144

- 8.1 认证 ... 144
  - 8.1.1 Istio 中的认证方式 ... 144
  - 8.1.2 认证策略 ... 146
- 8.2 授权 ... 149
  - 8.2.1 启用授权 ... 149
  - 8.2.2 授权策略 ... 150
- 8.3 HTTP 服务的访问控制 ... 152
  - 8.3.1 准备工作 ... 152
  - 8.3.2 命名空间的访问控制 ... 154
  - 8.3.3 服务级别的访问控制 ... 155
- 8.4 TCP 服务的访问控制 ... 157
  - 8.4.1 准备工作 ... 157
  - 8.4.2 启动访问控制 ... 160
- 8.5 外部密钥和证书 ... 162
  - 8.5.1 插入密钥和证书 ... 162
  - 8.5.2 检查新证书 ... 163
- 8.6 小结 ... 163

第 9 章 进阶 ... 165

- 9.1 云平台集成 ... 165
  - 9.1.1 在 Google Cloud GKE 上启用 Istio ... 165
  - 9.1.2 使用阿里云 Kubernetes 容器服务 ... 169
- 9.2 高级流量控制 ... 171
  - 9.2.1 故障注入 ... 171
  - 9.2.2 流量镜像 ... 174
- 9.3 调试和故障排查 ... 179
  - 9.3.1 Istio 组件的日志 ... 180

####### 9.3.2 调试 ··· 181
####### 9.3.3 故障排查 ·· 183
9.4 小结 ··· 186
附录 ··· 187
附录 A　Helm 安装选项 ··· 187
A.1 certmanager 选项 ·· 187
A.2 galley 选项 ··· 188
A.3 gateways 选项 ··· 188
A.4 global 选项 ·· 191
A.5 grafana 选项 ··· 194
A.6 Istio_cni 选项 ·· 196
A.7 Istiocoredns 选项 ·· 196
A.8 kiali 选项 ··· 196
A.9 mixer 选项 ··· 197
A.10 nodeagent 选项 ·· 198
A.11 pilot 选项 ··· 198
A.12 prometheus 选项 ·· 199
A.13 security 选项 ··· 200
A.14 servicegraph 选项 ·· 200
A.15 sidecarInjectorWebhook 选项 ·· 200
A.16 tracing 选项 ·· 201
附录 B　属性词汇表 ·· 202
附录 C　表达式语言 ·· 205
附录 D　适配器列表 ·· 206
附录 E　命令行工具 istioctl ·· 207
E.1 istioctl authn ··· 207
E.2 istioctl create ·· 207
E.3 istioctl delete ·· 208
E.4 istioctl deregister ··· 208
E.5 istioctl gen-deploy ··· 208
E.6 istioctl get ·· 209

E.7　istioctl kube-inject……209
E.8　istioctl proxy-config……210
E.9　istioctl register……210
E.10　istioctl replace……210
E.11　istioctl version……210

E.7 ishoch forbes-upon 209
E.8 ishoch proxy-contr 210
E.9 ishoch register 210
E.10 ishoch replace 210
E.11 ishoch version 210

第 1 章

服务网格

随着科技和互联网的发展，企业应用的规模不断扩大，系统的架构也从早期的单体应用逐渐演进到现在的微服务模式。随着微服务架构的普及和广泛应用，它已经成为分布式环境下非常流行的架构解决方案。然而，软件行业从来就没有"银弹"，微服务虽然解决了业务耦合、扩展性和灵活性等问题，但同时也引入了新的问题：服务间通信成为困扰开发人员的新难题。

在此背景下，服务网格（Service Mesh）技术诞生了。它的出现就是为了解决微服务架构中网络通信的难题，因此有些人把它称为下一代微服务。本章将简要地回溯软件架构的发展过程，并对微服务架构中面临的痛点做深入剖析，以便读者能体会到服务网格出现的背景和意义。然后本章会重点介绍服务网格的概念及其主要功能，并对目前市面上主流的服务网格产品做一个简要说明。

1.1 服务端架构的发展——从单体应用到微服务

1.1.1 单体应用

通常，一个应用的服务端的主要工作是执行业务逻辑，获取或更新数据并返回到客户端显示。在互联网发展的早期阶段，因为访问量小，业务也相对单一，所以 Web 应用的服务端通常把所有功能都打包在一起部署以节约成本，比如一个基于 Java 语言开发的应用，以 war 包形式部署在 Web 容器里，这就是常说的单体应用（Monolithic Application）。从软件工程的角度来看，单体应用是一个单一的软件结构，用户接口和数据访问代码都被整合在单一的程序单元里。而作为一个软件架构，单体应用被认为是非模块化的，这也是它的突出特点。

单体应用具有如下优点。

- 开发简单。一般开发工具或 IDE 是为开发单体应用而设计的，开发完即可使用，没有额外工作。
- 易于测试。不需要额外的环境、配置等，本地就可以进行测试。
- 易于部署。因为是单一的整体，所以直接将程序包部署在运行环境即可。

图 1-1 展示了一个典型的单体应用，展示层（HTML+JavaScript）、业务逻辑和数据访问都耦合在一起。我们不得不承认，单体应用在软件架构的发展史上占有重要的地位。即便是今天，在简单的业务场景下它依然是一种不错的选择。然而，随着业务规模逐渐变大，单体应用的弊端便突显出来。

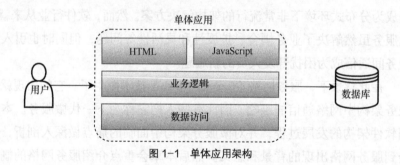

图 1-1 单体应用架构

- 各个业务模块耦合严重，很难保证某一个模块的修改不影响其他模块。
- 部署问题。应用变得臃肿后部署本身就成为一种困难。另外，改动任何一部分，都不得不重新构建和部署整个应用，这可能会中断与改动无关的后台任务或者是数据库事务。
- 扩展方式单一，只能通过水平扩展来提高整体的计算能力。但实际上各业务模块对资源的需求并不平均，不能按需独立扩展会造成资源的浪费。
- 开发效率不高。因业务和前后端代码的耦合，开发团队可能需要花费很多时间协调和集成。

1.1.2 多层结构

为解决上面列举的单体应用架构的问题，以分而治之思想为基础的解决方案产生了，这就是多层结构（Multi-Tier Architecture）。一个应用常被分为 3 层：接口层、业务逻辑层和数据访问层。

- 接口层。为客户端提供对应的访问接口。
- 业务逻辑层。系统的主要功能和业务逻辑部分，对输入和输出的数据进行业务处理。
- 数据访问层。为业务层提供底层数据库的访问能力。

图 1-2 展示了一个多层结构的数据流图。用户发送请求，依次传递给接口层、业务层再到数据访问层，获取数据后再依次返回。多层结构的体系利用了高内聚、低耦合的思想，解决了单体应用混沌的形态，具有以下优点。

- 降低了层与层之间的依赖关系，使原本的强依赖变成了松散耦合。
- 结构更加明确，也更易于复用。
- 降低了开发难度，开发人员可以只关注其中的一层。
- 当解决方案变更时，可以比较容易地替换某一层的实现，而不会影响其他层。比如数据库由 MySQL 变成 MongoDB 后，只需要修改数据访问层，其他层不受影响。

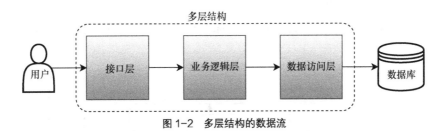

图 1-2 多层结构的数据流

在这一时期，解耦是多层结构要解决的主要任务，比如我们很熟悉的 MVC 模式。然而，分层也必然带来其他的缺点，比如性能损失（原本可以直接访问数据库的操作现在需要通过中间层执行）或者涉及多层的级联修改等。

1.1.3 面向服务的架构

随着垂直应用（或子系统）越来越多，不同的应用之间不可避免地需要交互，于是面向服务的架构产生了，这就是我们通常所说的 SOA（Service-Oriented Architecture）。它是指在分布式环境下，系统或者其组件可以在网络上通过通用协议调用另一个系统，使得多个系统彼此协作，它是令被调用系统成为调用者的服务。面向服务的架构被认为是一种演化，而不是革命。它延续了之前系统架构设计的最佳实践，把原本是数据孤岛的各个单体应用封装成服务，并通过标准的网络协议连接在一起，组成了更大的系统。

SOA 架构中的各个子系统通过企业服务总线（Enterprise Service Bus，ESB）实现了松散耦合。ESB 是构建 SOA 时所使用的关键技术，可以简单地理解为它是一个通信系统，为各个应用提供交互能力。在 SOA 体系中，它能够通过多种通信协议（如 HTTP、RPC 和 SOAP 等）连接并集成不同组件将其映射成服务。

SOA 将不同系统模块封装成服务，以集中管理的方式提供系统之间的交互能力。通常具有如下特点。

- 将子系统或者大块业务逻辑作为服务。
- 服务之间松散耦合。
- 服务可重用、可组合。
- 中心化管理（ESB）。

图 1-3 展示了一个简单的 SOA 体系结构，不同的服务或者子系统通过 ESB 进行通信。

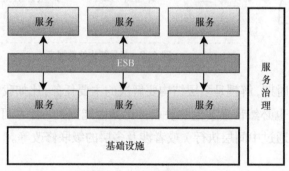

图 1-3 SOA 体系结构

1.1.4 微服务架构

有人认为微服务（Microservice）就是 SOA 的一种表现形式。如果从面向服务这个角度来讲，的确如此。两者在理念上有一些非常相似的特点，但它们之间依然有较大的不同。在微服务架构中，业务逻辑被拆分成一系列小而松散耦合的分布式组件，它们共同构成了较大的应用。每个组件都被称为一个微服务，而每个微服务都在整体架构中执行着单独的任务或负责单独的功能。每个微服务可能会被一个或多个其他微服务调用，共同协作来完成一个完整、复杂的业务逻辑。

图 1-4 展示了一个简单的微服务应用。整个业务被拆分成几个不同的服务，客户端通过 API 网关发送请求，业务数据被拆分到不同的数据库，只能由对应的服务进行访问。

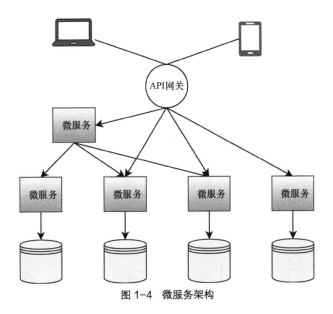

图 1-4 微服务架构

微服务架构具有如下特点。
- 服务的粒度较小，一个大型复杂的系统由多个微服务组成。
- 采用 UNIX 的设计哲学，某个服务只做一件事，是一种可以独立开发和部署的无状态服务。
- 通过服务实现组件化。不使用库（Library）而用服务来构建组件以便于独立部署。

- 微服务的开发团队小而内聚,可独立开发自己的业务,团队之间没有依赖。
- 去中心化的数据管理。每个服务有自己的数据存储。
- 不受语言、平台的限制(现实中一个大型的微服务应用往往是一个多语言开发的异构系统)。

1.2 微服务架构的痛点

微服务相对于单体应用而言是一个巨大的进步,它将系统切分成若干个服务,使系统的复杂度降低,不同业务之间解耦并提高了可扩展性。另外,单个服务的复杂度大幅降低,这些服务由各自的团队负责开发和维护,高度内聚互不干涉,使得开发过程也变得更轻松。图1-5展示了单体应用和微服务应用的对比。

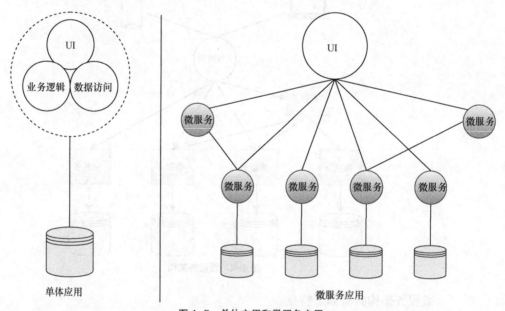

图1-5 单体应用和微服务应用

但是,软件开发中从来就没有银弹。微服务在带来了一系列便利的同时,也伴随着新问题的出现。当一个大型的系统被拆分为几十个、上百个甚至更多的服务时,如何有效地管理服务,以及保证服务间的通信稳定可靠成为开发人员需要关注的新问题。

原本业务模块之间函数级别的调用方式变成了远程调用，单一的系统演变成了分布式系统。L Peter Deutsch 等人提出的著名理论——分布式环境下的 8 个谬论，很好地总结了以微服务为代表的分布式系统在网络层面面临的问题。

- 网络是可靠的。
- 网络延迟是 0。
- 带宽是无限的。
- 网络是安全的。
- 网络拓扑结构从不改变。
- 只有一个管理员。
- 传输成本是 0。
- 网络是均匀而稳定的。

这些问题被定义为"谬论"，其本质是要告诫开发人员，在构建分布式系统的过程中不要忽视它们，应该想办法去解决问题。因此，稳定可靠的网络通信成为构建微服务系统的一大难题。试想一个大型的业务系统，需要对成百上千个微服务进行版本控制、监控和故障转移等一系列操作，并实现 A/B 测试、灰度发布、限流、熔断和访问控制等一系列与网络相关的功能，这是多么复杂的一件事情。开发和运维人员在转型到微服务架构时不得不面对这一新的挑战。

1.3 服务网格的发展

为了解决微服务之间网络通信的问题，以应对这一全新的挑战，系统架构也进一步演化，最终催生了服务网格的出现。我们来回顾一下这一演进过程，以便读者能更好地理解服务网格的概念和存在的意义。

1.3.1 耦合阶段

在微服务架构中，服务发现、熔断这样的弹性能力是架构重要的组成部分。在单体应用中，可以使用一个公共的组件统一实现或是嵌入业务逻辑中。而在微服务架构下，因为服务的分散粒度更小，所以它变得更加复杂。起初开发人员将诸如熔断（Circuit Breaker）这样的网络层功能和业务代码封装在一起，使服务具备了网络控制能力，如图 1-6 所示。

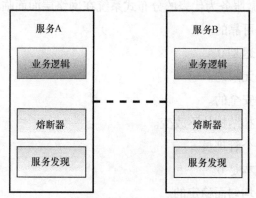

图 1-6　将网络功能和业务逻辑耦合在一起

这种方案虽然易于实现，但从设计角度来讲缺点也很明显。
- 网络功能和业务逻辑耦合。
- 每个服务都需要重复封装和实现这样的代码。
- 管理困难。如果某个服务的负载均衡发生了变化，则调用它的相关服务都需要更新变化。
- 开发人员不能专注在业务逻辑上。

1.3.2　封装公用库

一定有人会想，为什么不把服务发现处理、负载均衡、分布式追踪和安全通信等网络功能设计为一个公用库呢？这可以让应用与这些网络功能降低耦合，且更加灵活，提高了利用率及运维性，更重要的是开发人员只需要关注公用库，而不必自己实现这些功能，从而降低了开发人员的负担。图 1-7 展示了网络功能封装的情况。

实际上，一些大的软件公司（如 Twitter 和 Facebook）都提供了这样的控件来解决这一问题。但即便如此，它仍然有一些不足之处。
- 这些库有较为陡峭的学习成本曲线，需要耗费一定的时间和人力与现有系统集成，甚至需要修改现有代码去进行整合。

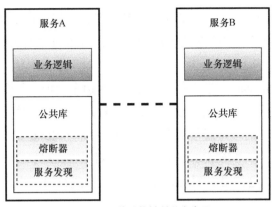

图 1-7 网络功能被封装在库里

- 通常这种库是通过特定语言实现的，缺乏多语言的支持，和现有系统整合时会受到限制。
- 公共库的管理和维护依然牵扯了开发人员的大量精力。

显然，把这些网络功能从服务中独立出来并单独部署才是更好的做法。它可以让工程师关注业务逻辑本身，而不必浪费时间在编写基础架构层的代码或者是管理三方库和框架上，如图 1-8 所示。

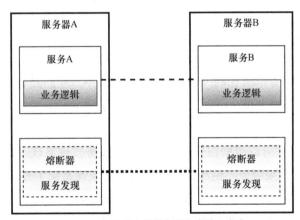

图 1-8 把网络库从业务服务中独立出来

1.3.3　Sidecar 模式

然而，这样的方案仍然不完美，它会导致很多问题的出现，比如跨语言问题、更新后的发布和维护等。许多实践者发现，更好的解决方案是把它作为一个代理——服务不会直接访问它的下游依赖方，而是通过这个透明的代理来处理所有的流量。

这就是 Sidecar 代理模式，也被翻译为边车代理，如图 1-9 所示。它是一个伴随服务的辅助进程，为服务提供额外的网络特性。可以理解为 Sidecar 就是服务的网络代理，服务所有的对外通信都由这个代理完成。Sidecar 的出现要追溯到几年前，2013年，Airbnb 开发了 Synapse 和 Nerve，这是对 Sidecar 的一种开源实现。2014 年，Netflix 推出了 Prana，这使得由不同语言实现的服务进行通信成为可能。

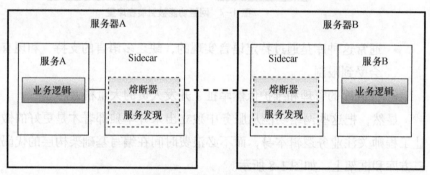

图 1-9　Sidecar 和业务服务

以 Sidecar 的方式进行网络代理，对应用服务没有侵入性，不会受到应用服务的语言和技术限制，而且可以做到控制层和业务逻辑的分开升级和部署。Sidecar 在逻辑上和应用服务部署在同一个结点（如 Pod）中，它们拥有相同的生命周期。每个服务都配备了一个 Sidecar 代理。Sidecar 可以迅速方便地为应用服务提供扩展，而不需要应用服务的改造。它的主要功能如下。

- Sidecar 可以帮助服务注册到相应的服务发现系统，并对服务做相关的健康检查。如果服务不健康，则可以从服务发现系统中移除服务实例。
- 当应用服务要调用外部服务时，Sidecar 可以帮助从服务发现中找到相应外部服务的地址，然后进行服务路由。
- Sidecar 接管了进出的流量，这样我们就可以进行相应的日志监视、调用链跟踪、流控熔断等操作，这些都可以在 Sidecar 中实现。
- 服务控制系统可以通过 Sidecar 来控制应用服务，如流控、下线等。

于是，应用服务终于可以做到专注于业务逻辑。

1.3.4 服务网格出现

如果把 Sidecar 代理应用于一个大型的系统，其中包括多个相互通信的服务，那么每个服务都将有一个配套的 Sidecar 代理，服务之间通过 Sidecar 代理进行通信，最终得到一个如图 1-10 所示的网络拓扑结构，这就是服务网格。

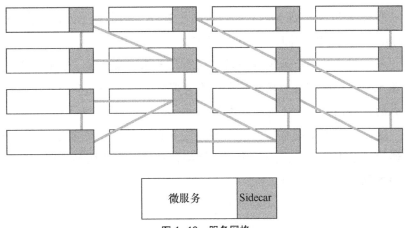

图 1-10　服务网格

最后，总结一下微服务网络通信功能的演进过程。

（1）最初，服务进行通信时，因为接收速度不一致，所以需要加入流量控制等功能（服务发现和熔断）。

（2）流控功能和业务耦合需要被标准化和复用，它们被封装在公共库里。

（3）多语言多平台下，为避免浪费时间来开发和管理这些公共库，应将网络功能下沉并独立出来，和业务服务分离。

（4）分离的通信服务发展成为 Sidecar 模式。

（5）Sidecar 模式应用于多服务的系统，服务之间相互连接形成了网状拓扑结构，最终演变成了服务网格。

1.4 什么是服务网格

1.4.1 基本概念

服务网格(Service Mesh)这一名词在 2016 年 9 月由 Buoyant 公司的 CEO William Morgan 首先提出，并对其做了如下定义。

服务网格是一个处理服务通信的专门的基础设施层。它的职责是为构建复杂的云原生应用传递可靠的网络请求。在实践中，它是一组和应用服务部署在一起的轻量级的网络代理，对应用服务透明。

这段话有点晦涩难懂，但只要抓住下面几个关键点就能理解：基础设施、服务间通信、请求分发、云原生应用、网络代理和对应用服务透明。这些关键词清楚地对服务网格做出了解释。

- 服务网格是什么（基础架构、网络代理）。
- 主要功能（请求分发、发送）。
- 应用的场景（云原生应用）。
- 特点（透明）。

我个人对服务网格的定义是，**服务网格是用来处理服务间通信的基础设施**。可以说，服务网格就是 Sidecar 的网络拓扑形态，Mesh 这个词也由此而来。

服务网格的出现解决了微服务框架中的痛点，使开发人员专注于业务本身。同时，将服务通信及相关管控功能从业务程序中分离到基础设施层。在云原生应用中，面对数百个甚至更多的服务，单个请求经由服务拓扑的路径可能会非常复杂，单独进行网络通信处理非常有必要，否则很难对整个应用的通信情况进行管理、监控和追踪。而这正是服务网格的意义所在。

1.4.2 服务网格的功能

那么服务网格到底能做什么呢？可以不夸张地说，作为微服务架构中负责网络通信的基础设施，服务网格具有网络处理的大多数功能。下面列举了一些主要的功能。

- 动态路由，可以通过配置路由规则来动态确定要请求的服务。请求需要被路由到生产环境还是预演（Staging）环境？路由到本地还是云？是测试版本还是运行版本？所有这些路由规则都是可以动态配置的，而且能够应用到全部请求或者仅仅针对一部分请求。
- 故障注入。Netflix 有一个非常著名的故障测试系统 Chaos Monkey，它会故意切断不同范围的网络环境来测试服务的容错能力。在服务网格中我们可以通过故障注入特性模拟基本的网络传输问题来验证系统的健壮性。
- 熔断。生产环境中经常会有各种问题导致服务中断，这就需要系统有检测服务并且快速移除问题服务的能力。熔断可以通过服务降级来终止潜在的关联性错误。
- 安全。微服务环境中，服务间通信变得更加复杂，如何保证这些通信是在安全、授权的情况下进行的就非常重要了。通过在服务网格上实现安全机制（如 TLS 加解密和授权），不但可以在不同的服务上对其进行重用，而且很容易在整个基础设施层更新安全机制，甚至无须对系统做任何操作。
- 多语言支持。作为独立运行的透明代理，服务网格支持多语言的异构系统。
- 多协议支持。同多语言支持一样，实现多协议支持也非常容易。
- 指标和分布式追踪。服务网格对整个基础设施层的可见性使得它有能力对网络通信进行全面的检测，还可以收集指标和日志，并交由后端设施进行可视化展示。

概括起来，服务网格主要具有如下 4 个主要的特性。

- 可见性（Visibility）：运行时指标遥测、分布式跟踪。
- 可管理性（Manage Ability）：服务发现、负载均衡、运行时动态路由。
- 健壮性（Resilience）：超时、重试、熔断等弹性能力。
- 安全性（Security）：服务间访问控制、TLS 加密通信。

1.5 服务网格产品介绍

1.5.1 Linkerd

2016 年初，前 Twitter 的两位工程师 William Morgan 和 Oliver Gould 组建了一个小的创业公司 Buoyant，开发出了 Linkerd 并在 GitHub 上发布了 0.0.7 版本。这是业界公认的第一个 Service Mesh。2017 年年初 Linkerd 加入 CNCF，同年 4 月 1.0 版本发布。同时，那篇著名的博客 "What's a service mesh? And why do I need one?" 在 Buoyant 网站发布。

Linkerd 使用 Scala 语言编写，底层基于 Twitter 的 Finagle 库。官方对 Linkerd 的定义是，一个开源的网络代理以服务网格的方式进行部署，专注于微服务通信的管理、控制和监控。它的功能特性有负载均衡、熔断、服务发现、动态路由、重试和超时等。

1.5.2 Envoy

2016 年 9 月，Lyft 公司的 Matt Klein 宣布 Envoy 在 GitHub 开源并发布了 1.0.0 版本。2017 年 Envoy 加入 CNCF 成为第二个服务网格项目，并于 2018 年底孵化毕业。Envoy 是一个高性能的 C++ 语言实现的分布式代理，它也是一个通信总线。Envoy 基于对 Nginx、HAProxy、硬件负载均衡器和云负载均衡器等解决方案的了解，与每个应用服务一起运行，并以与平台无关的方式提供公共的网络特性。

Envoy 具有以下功能特性。

- 过程外架构：Envoy 是一个自包含的高性能服务器，内存占用很小，可以与任何应用程序语言或框架一起运行。
- HTTP/2 和 gRPC 支持：Envoy 对 HTTP/2 和 gRPC 的传入和传出连接都提供支持，它是一个透明的 HTTP/1.1 到 HTTP/2 的代理。
- 负载均衡：支持先进的负载均衡能力，包括自动重试、断流、速率限制、请求镜像和区域本地负载均衡等。
- API 配置管理：Envoy 为动态管理其配置提供了健壮的 API。

- 可视化：L7 流量的深度可观测性，分布式跟踪的本地支持，MongoDB 和 DynamoDB 数据层面的支持。

Envoy 已经被印证性能优秀而稳定，既可作为独立的代理运行，也可以作为服务网格中的 Sidecar 代理和业务服务一起运行，负责网络通信。大量的厂商都在自己的生产环境中使用了 Envoy，比如腾讯、Airbnb、Booking、DigitalOcean 和 eBay 等。目前 Envoy 已经从 CNCF 项目中毕业，作为数据平面，以 Sidecar 代理的形式存在于 Istio 架构体系中。

1.5.3 Istio

2017 年 5 月 Istio 的 0.1 版本发布，这标志着服务网格第二代产品的诞生，2018 年 7 月 Istio 又发布了 1.0 版本。Istio 是 Google、IBM 和 Lyft 联合发布的产品，靠着这 3 家公司的强大支持，它很可能成为继 Kubernetes 之后的另一个重量级产品。在 0.1 版本发布的时候各个厂商就开始积极响应，Envoy 成为 Istio 默认的数据平面，Linkerd、Nginmesh 也放弃了竞争，选择与其集成。

可以把 Istio 理解为一个微服务的开放平台，它提供了统一的方式去连接、管理和保护微服务。它为微服务之间提供了管理流量、实施访问策略、收集数据等方面的功能，而所有这些功能都不需要修改原有的业务服务就能实现。有了 Istio，就几乎可以再需要其他的微服务框架，也不需要自己去实现服务治理，只要客户端和服务端互联互通，把网络层委托给 Istio，它就能帮助完成这一系列的功能。下面列举了 Istio 的一些主要的功能。

- 对 HTTP、gRPC、WebSocket 和 TCP 流量的自动负载均衡。
- 通过路由规则、重试、故障转移和故障注入等功能实现细粒度的流量控制。
- 插件式的策略层以及配置 API 支持访问控制、速率限制和配额请求。
- 对集群的所有进出流量进行测量、记录并追踪。
- 身份验证和授权保证服务间通信的安全。

1.5.4 其他

1. Conduit

2017 年底，Buoyant 公司又发布了一款更加轻量级的服务网格产品——Conduit，它基于 Rust 语言实现。Conduit 的整体架构和 Istio 类似，借鉴了 Istio 数据平面 + 控制平面的设计。选择 Rust 编程语言来实现数据平面是为达成 Conduit 宣称的更轻、更快和超低的资源占用。目前 Conduit 已经合并入了 Linkerd 2.0 产品线，它的特点就是支持 Kubernetes，并且超级轻量化。

2. NginMesh

顾名思义，NginMesh 是 Nginx 开发的服务网格产品，2017 年 9 月宣布加入 Istio 网络工作组，作为 Istio 平台中的负载平衡和服务代理，并部署为 Sidecar 代理与 Istio 集成，以便通过标准、可靠和安全的方式促进服务之间的通信。

Nginx 提供了一个占用空间小且高性能的代理，具有先进的负载平衡算法、缓存、SSL 终止和 API 网关可扩展性、Lua 和 nginScript 的可写性，以及带有粒度访问控制的各种安全特性。但从目前的情况看，这个项目处于不活跃的状态，应该是趋于流产。

3. SOFAMesh

SOFAMesh 由蚂蚁金服发起，控制面板克隆了 Istio 的开源库并进行了符合自身要求的改进，MOSN 是基于 Golang 开发的全新数据面板，用以替换 Envoy。

SOFAMesh 除了具有服务网格的基本功能外，还有一些自身的特色。

- 多协议支持：由于公司内部服务和协议的多样化，因此 MOSN 实现了多协议支持，同时提供了自定义协议以方便扩展。
- 性能：为满足大流量的需要，MOSN 在 I/O、协议、内存、协程、网络处理等多方面进行了优化，保证了生产环境的需求。
- 安全性：支持 mTLS、双向链路加密等。

除上面提到的这些产品外，还有一些相对小众的项目，就不一一介绍了。

1.6 小结

本章主要讲述了服务网格的基本概念。我们简单回溯了服务端架构的发展，阐述了微服务相对单体应用的巨大进步和优势。但同时也了解到，随着服务的拆分和细化，服务间网络通信成为新的痛点，而这也正是服务网格要解决的主要问题和存在的意义。

服务网格是一个负责微服务之间网络通信的基础设施层，提供了管理、控制和监控网络通信的功能，本质上是 Sidecar 模式的网络拓扑形态。

最后对目前市面上几款主要的服务网格产品进行了简要介绍。第 2 章将正式开始介绍本书的主角 Istio。

第 2 章

Istio 入门

2.1 什么是 Istio

通过第 1 章的介绍，相信读者对服务网格已经有了初步的认识。作为服务网格的实现产品，Istio 一经推出就备受瞩目，成为各大厂商和开发者争相追逐的"香馍馍"。我个人认为 Istio 会成为继 Kubernetes 之后的又一个明星级产品。Istio 的官方网站这样定义自己。

它是一个完全开源的服务网格，以透明层的方式构建在现有分布式应用中。它也是一个提供了各种 API 的平台，可以与任何日志平台、监控系统或策略系统集成。Istio 的多样化特性可以让你高效地运行分布式微服务架构，并提供一种统一的方式来保护、连接和监控微服务。

从上面的定义中可以了解到，Istio 为微服务应用提供了一个完整的解决方案，可以以统一的方式去检测和管理微服务。同时，它还提供了管理流量、实施访问策略、收集数据等功能，而所有这些功能都对业务代码透明，即不需要修改业务代码就能实现。

有了 Istio，就几乎可以不需要其他的微服务框架，也不需要自己去实现服务治理等功能，只要把网络层委托给 Istio，它就能帮助完成这一系列的功能。简单来说，Istio 就是一个提供了服务治理能力的服务网格。

2.2　Istio 的架构

对服务网格来讲，业务代码无侵入和网络层的全权代理是其重要的优势。我们来了解一下 Istio 的架构，看一看它是如何做到这两点的，并了解架构中的各个组件是如何协同工作并完成网络层功能的。

Istio 的架构从逻辑上分成数据平面（Data Plane）和控制平面（Control Plane）。是否觉得似曾相识？没错，Kubernetes 的架构也具有相似的结构，分为控制节点和计算节点。毫无疑问，这样的设计可以很好地解耦各个功能组件。

- 数据平面：由一组和业务服务成对出现的 Sidecar 代理（Envoy）构成，它的主要功能是接管服务的进出流量，传递并控制服务和 Mixer 组件的所有网络通信（Mixer 是一个策略和遥测数据的收集器，稍后会介绍）。
- 控制平面：主要包括了 Pilot、Mixer、Citadel 和 Galley 共 4 个组件，主要功能是通过配置和管理 Sidecar 代理来进行流量控制，并配置 Mixer 去执行策略和收集遥测数据（Telemetry）。

图 2-1 展示了由这些组件组成的 Istio 架构。

从 Istio 的架构中可以看出，Istio 追求尽可能的透明，通过各种解耦设计让系统对内对外都没有依赖。同时，它还提供了高度的扩展性。Istio 认为随着应用的增长和服务的增多，扩展策略系统是最主要的需求，因此它被设计为以增量的方式进行扩展。可移植也是 Istio 在设计中充分考虑的因素，它被设计为支持多种平台，以便服务可以被方便地迁移到不同的云环境中（在撰写本书的过程中，Istio 仍然深度依赖于 Kubernetes 平台）。

通过数据平面和控制平面的分离，各个组件都成为插件，这种开放和包容的设计思路相当具有前瞻性，我想这也就是其他服务网格产品都放弃了和它竞争而选择合作的重要原因。

下面对架构中的各组件做进一步介绍。

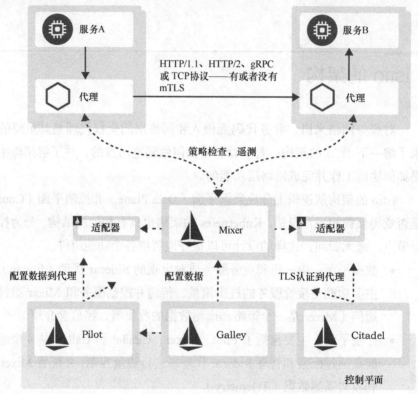

图 2-1　Istio 架构

2.3　Istio 的核心控件

2.3.1　Envoy

从 2.2 节的架构图可以看出，Istio 的数据平面就是指代理。Istio 选择 Envoy 作为 Sidecar 代理，Envoy 本质上是一个为面向服务的架构而设计的 7 层代理和通信总线。Envoy 基于 C++11 开发而成，性能出色。除了具有强大的网络控制能力外，Envoy 还可以将流量行为和数据提取出来发送给 Mixer 组件，用以进行监控。

Envoy 在网络控制方面的主要功能如下。
- HTTP 7 层路由。
- 支持 gRPC、HTTP/2。

- 服务发现和动态配置。
- 健康检查。
- 高级负载均衡。

我们知道，在 Kubernetes 环境中，同一个 Pod 内的不同容器间共享网络栈，这一特性使得 Sidecar 可以接管进出这些容器的网络流量，这就是 Sidecar 模式的实现基础。Envoy 是目前 Istio 默认的数据平面，实际上因为 Istio 灵活的架构，完全可以选择其他兼容的产品作为 Sidecar。目前很多服务网格产品都可以作为 Istio 的数据平面并提供集成。

2.3.2 Pilot

Pilot 是 Istio 实现流量管理的核心组件，它主要的作用是配置和管理 Envoy 代理。比如可以为代理之间设置特定的流量规则，或者配置超时、重试、熔断这样的弹性能力。Pilot 会将控制流量行为的路由规则转换为 Envoy 的配置，并在运行时将它们广播到 Envoy。另外，Pilot 还能够把服务发现机制抽象出来并转换成 API 分发给 Envoy，使得后者具有服务发现的能力。

简单来说，Pilot 的主要任务有两个。

- 从平台（如 Kubernetes）获取服务信息，完成服务发现。
- 获取 Istio 的各项配置，转换成 Envoy 代理可读的格式并分发。

图 2-2 展示了 Pilot 架构。Pilot 维护了一套独立于平台的服务规则，并提供了

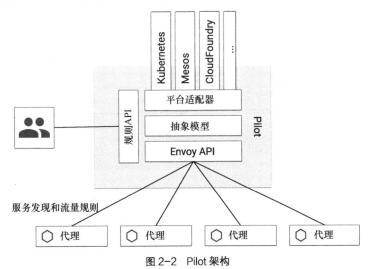

图 2-2 Pilot 架构

一个平台适配器,以便接入各种不同的平台。Rules API 对运维人员开放,使得他们可以设置想要的流量规则,Pilot 会把这些配置好的规则通过 Envoy API 分发给 Envoy 代理,以使其执行指定的规则。

Pilot 还公开了用于服务发现并且可以动态更新负载均衡和路由表的 API。

2.3.3 Mixer

Mixer 的主要功能是提供策略控制,并从 Envoy 代理收集遥测数据。每次网络通信时 Envoy 代理都会向 Mixer 发出预检要求,用来检测调用者的合法性。调用之后 Envoy 代理会发送遥测数据供 Mixer 收集。一般情况下 Sidecar 代理可以缓存这些数据,不需要频繁地调用 Mixer。

适配器是 Mixer 的重要组成部分,它本质上是一个插件模型,每个插件叫作适配器。这项特性使得 Mixer 可以接入几乎任意的(只要定义好接口)后端基础设施。比如可以选择接入不同的日志收集器、监控工具和授权工具等;可以在运行时切换不同的适配器或者是打开(关闭)它们;还可以自定义适配器以满足特定需求。适配器极大地提高了 Mixer 的扩展性,它让 Istio 的功能拥有了更多可能性。图 2-3 展示了 Mixer 的架构图并展示了它和 Envoy 的交互方式。

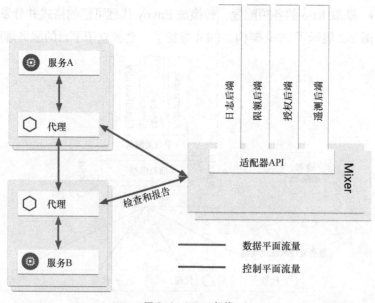

图 2-3 Mixer 架构

2.3.4　Citadel

Citadel 是与安全相关的组件，主要负责密钥和证书的管理。它可以提供服务间和终端用户的身份认证，还可以加密服务网格中的流量。在后面介绍安全主题的第 8 章中，我们会详细说明它是如何和其他组件协同工作的。

2.3.5　Galley

在 2019 年 3 月份发布的 1.1 版本中，Galley 作为一个独立的组件被添加到了架构当中（在此之前的版本中 Galley 并未独立出现），它现在是 Istio 主要的配置管理组件，负责配置的获取、处理和分发。Galley 使用了一种叫作 MCP（Mesh Configuration Protocol，网格配置协议）的协议与其他组件进行通信。

2.4　Istio 的主要功能

下面详细地介绍一下 Istio 的 4 个主要功能和实现原理。

2.4.1　流量管理

第 1 章介绍过，微服务应用最大的痛点就是处理服务间的通信，而这一问题的核心其实就是流量管理。首先来看一看传统的微服务应用在没有服务网格介入的情况下，如何完成诸如金丝雀发布这样的动态路由。假设不借助任何现成的第三方框架，一个简单的实现方法是，在服务间添加一个负载均衡（如 Nginx）做代理，通过修改配置的权重来分配流量。这种方式将对流量的管理和基础设施（云服务器、虚拟机、实体机等）绑定在了一起，难以维护。

而使用 Istio 就可以轻松地实现各种维度的流量控制。图 2-4 展示了两种不同的金丝雀发布策略。第一种是根据权重把 5% 的流量路由给新版本；第二种是根据请求的头信息 User-Agent 把使用 iPhone 的用户流量路由到新版本。

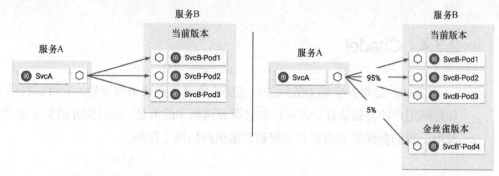

流量分离与基础设施扩展解耦——路由到某个版本的流量的比例与支持该版本的实例数无关

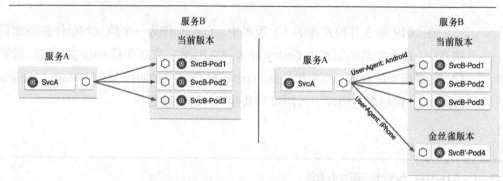

基于内容的流量转向——请求的内容可用于确定请求的目标

图 2-4　Istio 的流量管理

　　Istio 的流量管理是通过 Pilot 和 Envoy 这两个组件实现的，将流量和基础设施进行了解耦。Pilot 负责配置规则，并把规则分发到 Envoy 代理去实施；而 Envoy 按照规则执行各种流量管理的功能，比如动态请求路由、超时、重试和熔断，还可以通过故障注入来测试服务之间的容错能力。下面对这些具体的功能进行逐一介绍。

1. 请求路由

　　Istio 为了控制服务请求，引入了服务版本（Version）的概念，可以通过版本这一标签将服务进行区分。版本的设置是非常灵活的，可以根据服务的迭代编号进行定义（如 v1、v2 版本）；也可以根据部署环境进行定义（如 Dev、Staging 和 Production）；或者是自定义任何用于区分服务的标记。通过版本标签，Istio 就可以定义灵活的路由规则以控制流量，上面提到的金丝雀发布这类应用场景就很容易实现了。

图 2-5 展示了使用服务版本实现路由分配的例子。服务版本定义了版本号（v1.5、v2.0-alpha）和环境（us-prod、us-staging）两种信息。服务 B 包含了 4 个 Pod，其中 3 个是部署在生产环境的 v1.5 版本，而 Pod4 是部署在预生产环境的 v2.0-alpha 版本。运维人员根据服务版本指定路由规则，通过 Pilot 同步给 Envoy 代理，使得 99%的流量流向 v1.5 版本的生产环境，而 1%的流量进入 v2.0-alpha 版本的预生产环境。

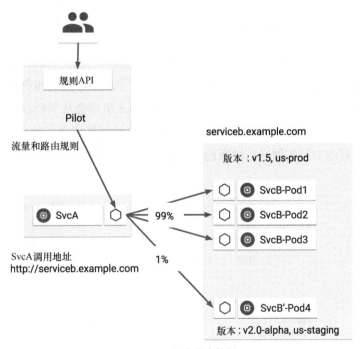

图 2-5　服务版本控制

2. 入口网关（Ingress）和出口网关（Egress）

服务间通信是通过 Envoy 代理进行的。同样，我们也可以在整个系统的入口和出口处部署代理，使得所有流入和流出的流量都由代理进行转发，而这两个负责入口和出口的代理就叫作入口网关和出口网关。它们相当于整个微服务应用的边界代理，把守着进入和流出服务网格的流量。图 2-6 展示了 Ingress 和 Egress 在请求流中的位置，通过设置 Envoy 代理，出入服务网格的流量也得到了控制。

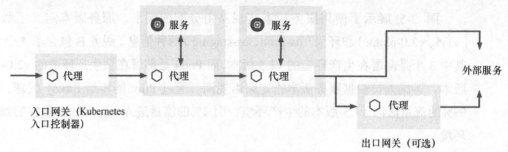

图 2-6　请求流中的 Ingress 和 Egress

3. 服务发现和负载均衡

服务发现的前提条件是具有服务注册的能力。目前 Kubernetes 这类容器编排平台也提供了服务注册的能力。Istio 基于平台实现服务发现和负载均衡时，需要通过 Pilot 和 Envoy 协作完成，如图 2-7 所示。Pilot 组件会从平台获取服务的注册信息，并提供服务发现的接口，Envoy 获得这些信息并更新到自己的负载均衡池。Envoy 会定期地对池中的实例进行健康检查，剔除离线的实例，保证服务信息的实时性。

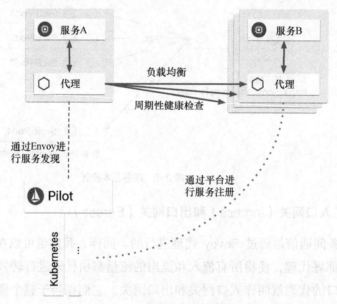

图 2-7　服务发现和负载均衡

4. 故障处理

Istio 的故障处理都由 Envoy 代理完成。Envoy 提供了一整套现成的故障处理机制，比如超时、重试、限流和熔断等。这些功能都能够以规则的形式进行动态配置，并且执行运行时修改。这使得服务具有更好的容错能力和弹性，并保证服务的稳定性。

5. 故障注入

简单来说，故障注入就是在系统中人为地设置一些故障，来测试系统的稳定性和系统恢复的能力。比如为某服务设置一个延迟，使其长时间无响应，然后检测调用方是否能处理这种超时问题而自身不受影响（如及时终止对故障发生方的调用，避免自己受到影响且使故障扩展）。

Isito 支持注入两种类型的故障：延迟和中断。延迟是模拟网络延迟或服务过载的情况；中断是模拟上游服务崩溃的情况，表现为 HTTP 的错误码和 TCP 连接失败。

2.4.2 策略和遥测

1. 策略

在微服务应用中，除了流量管理以外，常常还需要进行一些额外的控制，比如限流（对调用频率、速率进行限制）、设置白名单和黑名单等。

Istio 中的策略控制是依靠 Mixer 完成的。Envoy 代理在每次网络请求时，都会调用 Mixer 进行预先检查，确定是否满足对应的策略。同时，Mixer 又可以根据这些来自流量的数据，进行指标数据的采集和汇总，这就是遥测功能。

2. 遥测（Telemetry）

遥测是工业上常用的一种技术，它是指从远程设备中收集数据，并传输到接收设备进行监测。在软件开发中，遥测的含义引申为对各种指标（metric）数据进行收集，并监控、分析这些指标，比如我们经常听到的 BI 数据分析。

Mixer 的一大主要功能就是遥测。前面已经说过，Envoy 代理会发送数据给 Mixer，这就使得 Mixer 具有了数据收集的能力。在本章 2.3 节对 Mixer 的介绍中读者已经了解到 Mixer 的插件模型，也就是适配器。Mixer 可以接入不同的后端设施作为适配器，来处理收集到的指标数据，比如日志分析系统、监控系统等。

2.4.3 可视化

在微服务应用越来越复杂的情况下，对整个系统的状态进行监控和追踪变得尤为重要。试想如果一个包含上百个服务的系统发生了故障却无法准确定位问题的根源，或者系统压力已经到了承受的临界值而运维人员却浑然不知，这是多么可怕的事情。没有完备的、可观察的监控系统就无法保障系统的稳定性。

Istio 可以很方便地和各种监控、追踪工具集成，以便我们以可视化的方式（网页）直观地查看整个系统的运行状态。比如可以集成 Prometheus 来进行指标数据的收集，然后将收集的数据放在 Grafana 监控工具中展示；还可以集成 Jaeger 作为追踪系统，帮助我们对请求的调用链进行跟踪，在故障发生时分析出现问题的根源；或者将请求日志记录到 Kibana 系统，以图表的方式进行数据分析。

以上提到的这些可视化工具都会在第 7 章被集成到 Istio，并得到详细的介绍。

2.4.4 安全

Istio 中的安全架构是由多个组件协同完成的。Citadel 是负责安全的主要组件，用于密钥和证书的管理；Pilot 会将授权策略等信息分发给 Envoy 代理；Envoy 根据策略实现服务间的安全通信；Mixer 负责管理授权等工作。图 2-8 展示了 Istio 的安全架构和运作流程。

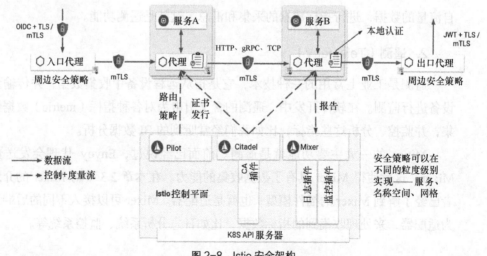

图 2-8　Istio 安全架构

1. 认证

Istio 提供如下两种类型的身份认证。

- 传输认证：也叫作服务到服务认证。这种方式的认证是通过双向 TLS（mTLS）来实现的，即客户端和服务端（或者是调用者和被调用者）都要验证彼此的合法性。
- 来源认证：也叫作最终用户认证，用于验证终端用户或设备。Istio 使用目前业界流行的 JWT（JSON Web Token）作为实现方案（在配置项上 Istio 提供了扩展性，但在撰写本书时仍然只支持 JWT）。

这两种认证的工作原理类似，都是将来自平台的认证策略存储起来，然后通过 Pilot 分发给 Envoy 代理，如图 2-9 所示。

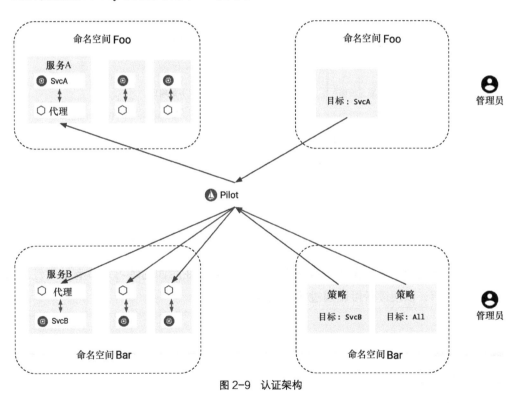

图 2-9 认证架构

2. 授权

Istio 的授权功能沿用了 Kubernetes 中的授权方式：RBAC（Role-Based Access

Control，基于角色的访问控制）。它可以为网格中的服务提供不同级别的访问控制。比如命名空间级别、服务级别和方法级别。

图 2-10 显示了授权的工作方式。运维人员编写授权策略的清单文件并将其部署到平台（Kubernetes）。Pilot 组件会获取策略信息并将其保存到自己的配置存储中，同时监听授权策略的变更情况，以便及时更新。然后 Pilot 会把授权信息分发给 Envoy 代理。Envoy 在请求到达的时候，评估当前的请求是否合法并作出相应的返回。

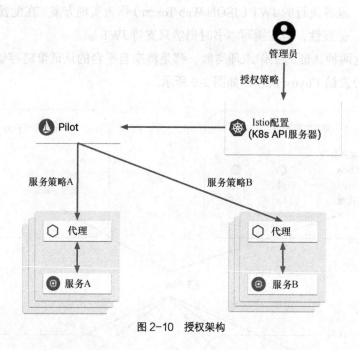

图 2-10　授权架构

与安全相关的配置涉及很多细节，我们会在后面的练习章节有针对性地进行具体介绍，以便读者可以通过演练加深理解。

2.5　小结

本章主要介绍了 Istio 的理论知识。Istio 作为一个开源的服务网格产品，提供了统一的方式去管理流量、设置安全和监控等服务治理的能力。

Istio 的架构分为数据平面和控制平面,这种优雅的设计使得各个组件充分解耦,各司其职,这就是很多人将它称为第二代服务网格产品的原因。数据平面即 Envoy 代理,负责流量的接管;控制平面包含了 Pilot、Mixer、Citadel 和 Galley,它们分别负责流量控制、策略控制、安全加固和数据收集。通过这些组件的协同工作,Istio 顺利地完成了流量管理、策略和遥测、可视化和安全这 4 大功能。

　　第 3 章将进入实践阶段,搭建 Istio 的开发环境并完成它的安装和部署。

第 3 章

Istio 的安装和部署

3.1 准备工作

在正式安装 Istio 之前，需要先做一些准备工作。本章将介绍如何从零开始搭建一个必要的开发环境。如果读者的环境已经搭建完成了，可以跳过这一章。

3.1.1 安装 Go 语言

Istio 是使用 Go 语言实现的，因此为构建它我们需要一个 Go 语言开发环境。可以按照下面的步骤去安装。在编写本书期间，Go 语言的版本已经到了 1.11.x，Istio 的最新版本也是基于 1.11 版本编译的。

1. 系统要求

Go 语言对系统的要求如表 3-1 所示。在撰写本书时最新的稳定版本为 1.11.4，我们就以它作为安装版本。

表 3-1　　　　　　　　　　　　Go 语言系统版本要求

系统	版本要求
Linux	Linux 2.6.23 或更高
Mac	macOS 10.10 或更高
Windows	Windows 7 或更高

注意，因 Windows 系统在环境搭建和开发中局限性比较大，本书不做介绍，只针对 Linux 和 Mac 系统进行讲解。Windows 用户可使用虚拟机进行学习。

2. Linux 系统下的安装

Linux 用户可以下载安装压缩包（如无特殊要求，选择最新的稳定版本）。图 3-1 是 Go 语言安装包的下载页面。

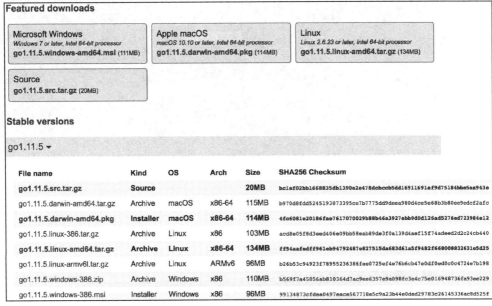

图 3-1　Go 语言安装包下载页面

下载后可以通过下面的命令解压安装。

```
$ tar -C /usr/local -xzf go1.11.5.linux-amd64.tar.gz
```

如果是 Ubuntu 系统，也可以直接通过 apt-get 来安装。

```
$ sudo apt-get install golang-go
```

3. macOS 系统下的安装

和 Linux 类似，Mac 用户也可以从上面的下载链接中选择适合 macOS 的 pkg 包，比如当前的最新稳定版本 go1.11.5.darwin-amd64.pkg。但对于 Mac 系统来讲，使用 Homebrew 安装各种工具是比较方便的。Homebrew 是为 Mac 准备的一个强大的软件包管理工具，强烈推荐使用 Homebrew 去安装，在后续的章节中，还有很多地方需要用到它。如果你的 Mac 上没有装 Homebrew，可以去如图 3-2 所示的官方网站并用页面中提供的方法进行安装。

图 3-2 Homebrew 的安装页面

安装 Homebrew 的命令如下。

```
$ /usr/bin/ruby -e "$(curl -fsSL https://raw.githubusercontent.com/Homebrew/install/master/install)"
```

然后通过它来安装 Go 语言。

```
$ brew install go
# 也可以自己选择安装版本
$ brew install go@1.11
```

4. 设置 PATH 环境变量

假定读者的 Go 语言安装目录是/usr/local/go/bin，则需要先把它添加到 PATH 中，可以选择在$HOME/.bash_profile 或者 etc/profile 文件中添加如下命令（根据选择的终端不同，profile 文件名可能会有所不同）。

如果 Mac 系统使用安装包或者 Homebrew 进行安装，它默认会操作这一步。

```
export PATH=$PATH:/usr/local/go/bin
```

5. 设置 GOPATH 环境变量

Go 语言相对比较特殊，它要求源码必须在 GOPATH 环境变量下，否则将无法编译，因此这是非常重要的一步。假定要把 GOPATH 设置在$HOME/go 目录下，则打开 profile 文件并加入如下命令。

```
# bash 终端是 ~/.bash_profile, zsh 终端是 ~/.zshrc
$ export GOPATH=$HOME/go
# 设置后使用 source 命令刷新配置
$ source ~/.bash_profile
```

6. 测试 Go 语言开发环境

到这里，Go 语言的安装工作就算完成了。我们来测试一下 Go 语言开发环境是否可以正常工作。在刚才设置的 GOPATH 目录下创建一个级联目录 src/hello（完成的目录应该是$HOME/go/src/hello，或者读者自己设置的目录），在这个目录下新建一个文件 hello.go，编写如下代码。

```go
package main
import "fmt"
func main() {
    fmt.Println("hello, go")
}
```

运行下面的命令。

```
$ cd $HOME/go/src/hello
$ go run hello.go
```

如果能在终端中看到打印出了 "hello, go"，则说明 Go 语言安装成功了。

3.1.2 安装 Docker

Docker 也是一个必要的工具，容器和镜像的相关操作都需要 Docker 支持。另外，最新的 Docker 桌面版已经集成了 Kubernetes 环境，可以方便我们进行本地集群环境的搭建。

1. Linux 系统下的安装

Docker 对 Linux 也有一些要求。

- 64 位系统。
- 内核版本 3.10 或更高。
- Git 版本 1.7 及以上。

可以从这里找到 Docker 的二进制包文件 https://download.docker.com/linux/static/stable/x86_64/，选择想要的版本，输入如下命令（推荐安装最新版本）。

```
$ tar xzvf /path/to/<FILE>.tar.gz
```

将可执行文件移动到 /usr/bin 目录下，以便可以随时使用命令而不受限制。

```
$ sudo cp docker/* /usr/bin/
```

启动 Docker。

```
$ sudo dockerd &
```

Ubuntu 系统可以直接使用 apt-get 安装。

```
$ sudo apt-get install docker-ce
```

同样，CentOS 下也可以直接使用 yum 安装。

```
$ sudo yum install docker-ce
```

2. macOS 系统下的安装

在 macOS 系统下，推荐直接下载 Docker 桌面版。除了有可视化的操作界面以外，最新的桌面版还集成了 Kubernetes，省去了搭建 Kubernetes 开发环境的工作。Docker 桌面版可在 docker Hub 网站中下载，双击下载的 Docker.dmg 文件进行安装。完成安装后可以在状态栏看到如图 3-3 所示的 Docker 鲸鱼图标。

图 3-3 Docker 图标

3. 验证安装完成

使用如下命令查看 Docker 的版本。

```
$ docker version
Client: Docker Engine - Community
 Version:           18.09.0
 API version:       1.39
 Go version:        go1.10.4
 Git commit:        4d60db4
 Built:             Wed Nov  7 00:47:43 2018
 OS/Arch:           darwin/amd64
 Experimental:      false

Server: Docker Engine - Community
 Engine:
  Version:          18.09.0
  API version:      1.39 (minimum version 1.12)
  Go version:       go1.10.4
  Git commit:       4d60db4
  Built:            Wed Nov  7 00:55:00 2018
  OS/Arch:          linux/amd64
  Experimental:     true
```

还可以下载并启动一个官方提供的 hello-world 镜像来查看容器是否可以正常工作。

```
$ docker run hello-world
Unable to find image 'hello-world:latest' locally
latest: Pulling from library/hello-world
1b930d010525: Pull complete
Digest: sha256:2557e3c07ed1e38f26e389462d03ed943586f744621577a99efb77324b0f
e535
Status: Downloaded newer image for hello-world:latest

Hello from Docker!
This message shows that your installation appears to be working correctly.
```

如果看到类似上面的输出信息，则表示 Docker 安装成功了。

3.1.3　Kubernetes 平台搭建

虽然 Istio 被设计为支持多平台运行，但它目前仍然只适用于 Kubernetes 环境。一个完整的 Kubernetes 集群环境对机器的性能有一定要求，如果计算机的配置不高，很可能无法启动或正常运行一个集群。好在有两种比较简单的方法可以让我们比较容易地在个人计算机上启动一个极简的 Kubernetes 集群：一种是 Docker 桌面版自带的 Kubernetes 环境，另外一种是 Minikube。这两种启动集群的方案非常适合进行本地开发。下面分别对其进行介绍。

另外，Istio 要求使用 Kubernetes 1.9 及以上版本，安装时要注意一下。

1. 安装命令行工具

为操作 Kubernetes 环境，需要安装命令行工具 kubectl。

在 Linux 系统中可以使用下面的命令安装。

```
$ curl -LO https://storage.googleapis.com/Kubernetes-release/release/$(curl
 -s https://storage.googleapis.com/Kubernetes-release/release/stable.txt)/
bin/darwin/amd64/kubectl
$ chmod +x ./kubectl
$ sudo mv ./kubectl /usr/local/bin/kubectl
```

如果是 Mac 系统，仍然可以使用 Homebrew 安装。

```
$ brew install Kubernetes-cli
```

2. 启用 Docker 桌面版中的 Kubernetes

在 Docker 17.02 的 Edge 版本中集成了一个简易的 Kubernetes 环境用来开发测试。2018 年 7 月，官方宣布在 Docker 18.06 的稳定版本中也开始提供 Kubernetes 集成。如果是 macOS 环境，并下载了 3.1.2 节介绍的 Docker 桌面版，则可以只通过几次鼠标单击就启动 Kubernetes。

首先单击 Docker 图标，进入选项菜单，选择最后一项 Kubernetes，如图 3-4 所示。

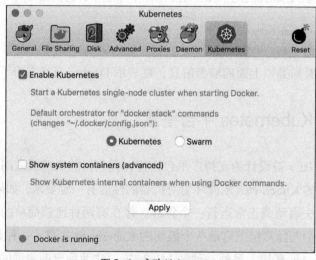

图 3-4　启动 Kubernetes

选择 Enable Kubernetes，单击 Apply 按钮，界面会出现安装过程，等待一段时间后，如果在 Docker 图标的下拉菜单中看到绿色标志和 Kubernetes is running 的字样就表示启动成功了，如图 3-5 所示。

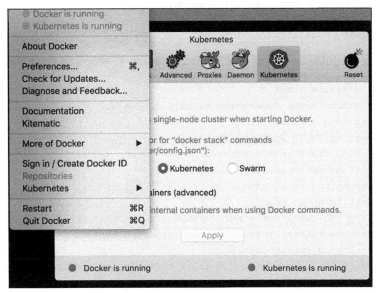

图 3-5　Kubernetes 启动状态

可以通过下面的命令查看 Kubernetes 的节点状况。桌面版只启动了一个 master 节点。

```
$ kubectl get nodes
NAME                  STATUS    ROLES     AGE    VERSION
docker-for-desktop    Ready     master    16h    v1.10.3
```

3. 安装 Minikube

如果是 Linux 系统，推荐通过 Minikube 来创建 Kubernetes 集群，和 Docker 桌面版相比，它提供了更成熟和统一的集群操作方式。Minikube 也支持 macOS 系统，如果不想使用 Docker 桌面版运行 Kubernetes，也可以通过 Minikube 来运行集群，只不过没有和 macOS 的 UI 集成，缺少可视化的界面。

Minikube 使用 Docker 管理 Kubernetes 虚拟机，因此需要虚拟机的相关驱动，要保证系统中安装了虚拟机工具，这里建议使用 VirtualBox。可以通过下面的命令下载安装 Minikube（如因网络问题无法下载，则可以选择国内的镜像地址）。

```
$ curl -Lo minikube https://storage.googleapis.com/minikube/releases/v0.31.0
/minikube-linux-amd64 && chmod +x minikube && sudo cp minikube /usr/local/
bin/ && rm minikube
$ sudo cp minikube /usr/local/bin && rm minikube
```

如果是 Mac 系统，可以用 Homebrew 安装。

```
$ brew cask install minikube
```

安装完成后，可以通过命令 minikube start 启动一个 Kubernetes 集群。

```
$ minikube start
Starting local Kubernetes v1.10.0 cluster...
Starting VM...
Getting VM IP address...
Moving files into cluster...
Setting up certs...
Connecting to cluster...
Setting up kubeconfig...
Stopping extra container runtimes...
Machine exists, restarting cluster components...
Verifying kubelet health ...
Verifying apiserver health ....Kubectl is now configured to use the cluster.
Loading cached images from config file.
Everything looks great. Please enjoy minikube!
```

看到类似上面的输出信息后，就可以使用命令 minikube status 去查看启动情况。如果打印出的信息和下面的输出类似，说明集群运行正常。

```
$ minikube status
host: Running
kubelet: Running
apiserver: Running
kubectl: Correctly Configured: pointing to minikube-vm at 192.168.99.100%
```

4. 查看 Kubernetes 的运行状况

Kubernetes 提供了一个可视化的仪表板（Dashboard）页面来对集群进行监控和管理。我们可以启动仪表板来查看 Kubernetes 集群的运行情况，在后面的章节中，我们也需要启动它来监控 Istio 的运行状况。（当然，仪表板的所有信息都可以通过 kubectl 命令行工具查看。如果不想使用仪表板，可以跳过这部分内容。）

如果是通过 Minikube 启动的集群，则它已经将仪表板集成好了，直接通过下面的命令启动即可。

```
$ minikube dashboard
Opening Kubernetes dashboard in default browser...
```

图 3-6 展示了仪表板页面。如果是 Docker 桌面版启动的集群就要麻烦一点，需要手动安装仪表板。可以执行下面的命令。

```
$ kubectl create -f https://raw.githubusercontent.com/Kubernetes/dashboard/
 master/aio/deploy/recommended/Kubernetes-dashboard.yaml
secret/Kubernetes-dashboard-certs created
serviceaccount/Kubernetes-dashboard created
role.rbac.authorization.k8s.io/Kubernetes-dashboard-minimal created
rolebinding.rbac.authorization.k8s.io/Kubernetes-dashboard-minimal created
deployment.apps/Kubernetes-dashboard created
service/Kubernetes-dashboard created
```

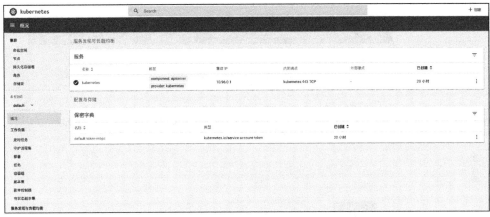

图 3-6 Minikube 的仪表板

然后执行 kubectl proxy 来启动它。因为要部署仪表板对应的 Pod，所以启动需要一点时间。

```
$ kubectl proxy
Starting to serve on 127.0.0.1:8001
```

可以通过命令来查看仪表板是否已经运行。

```
$ kubectl get pods --namespace kube-system
NAME                                           READY   STATUS    RESTARTS   AGE
etcd-docker-for-desktop                        1/1     Running   0          16h
kube-apiserver-docker-for-desktop              1/1     Running   0          16h
kube-controller-manager-docker-for-desktop     1/1     Running   0          16h
kube-dns-86f4d74b45-dzj82                      3/3     Running   0          16h
kube-proxy-fwlq9                               1/1     Running   0          16h
```

```
kube-scheduler-docker-for-desktop              1/1      Running    0     16h
Kubernetes-dashboard-669f9bbd46-8b7ht          1/1      Running    0     3m
```

我们发现最后一个 Pod 就是仪表板，状态 Running 代表已经启动了。这时候可以用下面的链接在浏览器进行访问。

```
http://localhost:8001/api/v1/namespaces/kube-system/services/https:Kubernetes-dashboard:/proxy/
```

页面会显示图 3-7 所示的登录页面，我们需要用下面的命令创建一个令牌（Token）进行登录。

```
$ kubectl -n kube-system describe secret $(kubectl -n kube-system get secret | awk '/^deployment-controller-token-/{print $1}') | awk '$1=="token:"{print $2}'
```

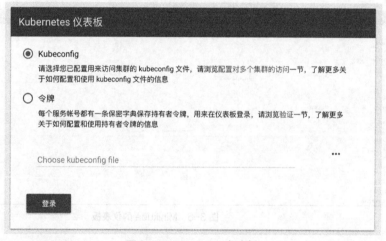

图 3-7 Kubernetes 仪表板

登录成功后看到仪表板页面，可以通过左侧列表查看相应的信息。至此，Kubernetes 集群环境已经构建完成，所有的准备工作也全部结束了，下面可以开始正式地安装 Istio。

3.2 安装 Istio

目前 Kubernetes 是 Istio 首推的部署平台，它的每个组件都是 Kubernetes 集群中的 Deployment，并以 Pod 的形式运行。Istio 在运行时的很多配置数据也依赖于平台。这种有复杂依赖关系的应用很适合使用 Helm 这样的管理工具进行安装，以便对各种配置项进行自定义。为节约篇幅，本书只通过 Helm 来安装 Istio，这也是官方推荐的安装方式。

3.2.1 下载安装包

可以在 Istio 的发布页面下载对应操作系统的压缩包，也可以通过下面的命令直接下载最新版本的安装包。

```
$ curl -L https://git.io/getLatestIstio | sh -
```

本书成稿时 Istio 最新的版本是 1.1.3，针对 Linux 系统的安装包是 Istio-1.1.3-linux.tar.gz。下载后解压，可以看到安装包的目录中包括表 3-2 所示的内容。

表 3-2　　　　　　　　　　Istio 安装包内容

文件&文件夹	内容
bin	istioctl 命令行工具
install	安装所需的 YAML 配置文件等
samples	示例文件和应用
Istio.VERSION	Istio 的配置文件

为了后续使用方便，我们把 istioctl 命令行工具加入 PATH 环境变量（确保在安装包目录下运行）。

```
$ export PATH=$PWD/bin:$PATH
```

3.2.2 安装 Helm

Helm 是 Kubernetes 下的包管理工具，Istio 官方推荐使用 Helm 安装 Istio，它允许以定制的方式灵活配置安装选项。在撰写本书时，Helm 最新的稳定版本为 v2.11.0，下面介绍 Helm 的安装步骤。

Helm 包括两部分，客户端 Helm 和服务端 Tiller。为简单起见，我们只安装客户端即可。

安装 Helm 客户端

Helm 现在可以直接通过在线脚本安装，只需要执行下面的命令。

```
$ curl https://raw.githubusercontent.com/helm/helm/master/scripts/get | bash
在 macOS 系统下可以使用 Homebrew 安装
$ brew install Kubernetes-helm
```

运行 helm version 查看版本信息，如果没有安装 Tiller 可能会提示连接 Tiller 失败的字样，只要保证客户端相关的输出信息正常就说明 Helm 安装成功了。

```
$ helm version
Client: &version.Version{SemVer:"v2.10.0", GitCommit:"9ad53aac42165a5fad c6
c87be0dea6b115f93090", GitTreeState:"clean"}
Server: &version.Version{SemVer:"v2.5.1", GitCommit:"7cf31e8d9a026287041 ba
e077b09165be247ae66", GitTreeState:"clean"}
```

3.2.3 使用 Helm 安装 Istio

1. Istio 中的 CRD

在安装 Istio 时会先初始化 CRD。了解 Kubernetes 的读者都知道，CRD 即自定义资源定义（Custom Resource Definition），是 Kubernetes API 的扩展方法，每个定义的资源都是一个 API 对象。如果想把自己的资源配置到 Kubernetes 集群中，就需要定义它。CRD 在初始化完成并注册后，会在 Kubernetes 中建立相应的对象，以完成 Istio 的初始化工作。

Istio 初始化了大约 50 个 CRD，控制平面的工作基本上靠这些 CRD 完成。它们分成了 4 大类。

- *.authentication.Istio.io，用于定义认证策略。
- *.config.Istio.io，负责配置分发与遥测。这一类的 CRD 数量最多，因为 Mixer 有很多适配器，都需要有对应的 CRD。
- *.networking.Istio.io，Istio 中常用的对象，负责流量管理。
- *.rbac.Istio.io，Istio 中有一个和 Kubernetes 类似的 RBAC 系统，这些 CRD 负责访问控制。

下面开始安装这些 CRD，解压下载的 Istio 安装包，进入根目录，运行下面的命令。

```
$ kubectl apply -f install/Kubernetes/helm/Istio/templates/crds.yaml
customresourcedefinition.apiextensions.k8s.io/virtualservices.networking.
Istio.io created
customresourcedefinition.apiextensions.k8s.io/destinationrules.networking.
Istio.io created
customresourcedefinition.apiextensions.k8s.io/serviceentries.networking.
Istio.io created
customresourcedefinition.apiextensions.k8s.io/gateways.networking.Istio.io
created
...
```

2. 通过 Helm 安装 Istio

使用 Helm 有两种方法可以安装 Istio。一种是通过 helm template，一种是通过 helm install（需要服务端 Tiller）。Helm 使用被称为 chart 的包装格式作为安装清单。chart 本质上是一组描述 Kubernetes 资源集合的文件列表。Istio 的 Helm chart 安装目录结构如表 3-3 所示。

表 3-3　　　　　　　　　　　Helm 安装目录

文件/文件夹	备注
Chart.yaml	必备文件，包含了 chart 的基本信息。作用类似于 Makefile
requirements.yaml	定义了 chart 的依赖列表
values.yaml	chart 的默认配置
charts/	包含 chart 的依赖组件，相当于子 chart
template/	组合 chart 中的配置值，用来生成 Kubernetes 的清单文件
values-Istio-*.yaml	为 Istio 的各个组件提供配置项

通过 Helm 安装时，可以在安装命令中使用 "--set key=value" 自定义安装选项。要想了解全部的安装选项，读者可以在附录 A 中查阅。

（1）方法一：helm template。这种方式相对简单，直接使用 Helm 客户端就可以安装。首先使用 helm template 命令生成部署的清单文件。为方便起见，我们直接在当前目录生成一个叫作 Istio.yaml 的文件。这份清单文件非常长，基本上就是定义了 Istio 各个组件的安装配置信息。

```
$ helm template install/Kubernetes/helm/Istio --name Istio --namespace Istio
-system --set tracing.enabled=true > Istio.yaml
```

在上面的命令中，--name 代表定义的部署名称叫作 Istio，--namespace 代表它会被安装到 Istio-system 的命名空间里。因为在后面的练习中需要使用分布式追踪的功能,所以在安装命令中增加了 tracing.enabled=true 的选项。

接下来,我们在集群中为 Istio 创建自己的命名空间,并执行清单文件。

```
$ kubectl create namespace Istio-system
$ kubectl apply -f Istio.yaml
configmap/Istio-galley-configuration created
configmap/Istio-statsd-prom-bridge created
configmap/prometheus created
configmap/Istio-security-custom-resources created
configmap/Istio created
configmap/Istio-sidecar-injector created
...
```

可以看到类似于上面的输出。安装需要花费一些时间,如果所有 Pod 都显示 Running 状态,则表示 Istio 环境启动完成了。可以用下面的命令查看 Pod 的状态。

```
$ kubectl get pods -n Istio-system
NAME                                        READY   STATUS              RESTARTS   AGE
Istio-citadel-cb5b884db-5sbg2               0/1     ContainerCreating   0          29s
Istio-cleanup-secrets-6xtph                 0/1     ContainerCreating   0          32s
Istio-egressgateway-dc49b5b47-s8dcc         0/1     ContainerCreating   0          30s
Istio-galley-5b494c7f5-lsh9p                0/1     ContainerCreating   0          30s
Istio-ingressgateway-64cb7d5f6d-qwj9p       0/1     ContainerCreating   0          30s
Istio-pilot-85747ff88-kck29                 0/2     ContainerCreating   0          29s
Istio-policy-858884d9c-7bbk8                0/2     ContainerCreating   0          29s
Istio-security-post-install-kp2xr           0/1     ContainerCreating   0          32s
Istio-sidecar-injector-7f4c7db98c-4z99n     0/1     ContainerCreating   0          29s
Istio-telemetry-748d58f6c5-vzq8x            0/2     ContainerCreating   0          29s
prometheus-f556886b8-kfljz                  0/1     ContainerCreating   0          29s
```

执行完成后,我们可以在仪表板里看到图 3-8 所示的 Istio 的命名空间。

图 3-8 Istio 的命名空间

还可以在概况页面看到 Istio 的运行情况,如图 3-9 所示。

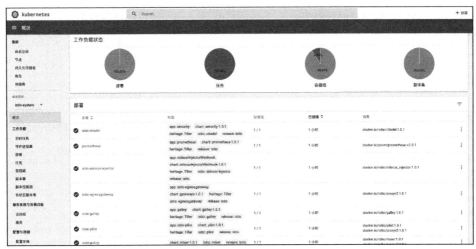

图 3-9　Istio 的运行情况

（2）方法二：helm install。还可以通过 helm install 命令进行安装，命令如下。

```
$ helm install install/Kubernetes/helm/Istio --name Istio --namespace Istio
-system
```

这种方式不用生成安装清单，但需要有 Helm 的服务端 Tiller 的支持，因为安装 Tiller 的步骤略显烦琐，也不需要本地测试，所以这里就不做介绍了，有兴趣的读者可以在 Helm 的官网参考安装方法。

3.2.4　确认安装结果

因为 Istio 的组件和服务很多，所以最好通过命令确认它们都已经正常启动。Istio-egressgateway、Istio-galley、Istio-ingressgateway、Istio-pilot、Istio-policy、Istio-sidecar-injector、Istio-telemetry 以及 prometheus 等主要的服务都需要出现在下面的列表中。

```
$ kubectl get svc -n Istio-system
NAME                  TYPE         CLUSTER-IP      EXTERNAL-IP     PORT(S)                                                           AGE
Istio-citadel         ClusterIP    10.101.13.78    <none>          8060/TCP,9093/TCP                                                 1h
```

```
Istio-egressgateway          ClusterIP      10.111.66.193    <none>       80
/TCP,443/TCP
                                                             1h
Istio-galley                 ClusterIP      10.103.30.101    <none>       44
3/TCP,9093/TCP
                                                             1h
Istio-ingressgateway         LoadBalancer   10.104.67.94     <pending>    80
:31380/TCP,443:31390/TCP,31400:31400/TCP,15011:32677/TCP,8060:32257/TCP,853
:31913/TCP,15030:31134/TCP,15031:32640/TCP   1h
Istio-pilot                  ClusterIP      10.96.70.172     <none>       15
010/TCP,15011/TCP,8080/TCP,9093/TCP
                                                             1h
Istio-policy                 ClusterIP      10.108.122.84    <none>       90
91/TCP,15004/TCP,9093/TCP
                                                             1h
Istio-sidecar-injector       ClusterIP      10.108.109.161   <none>       44
3/TCP
                                                             1h
Istio-statsd-prom-bridge     ClusterIP      10.106.54.12     <none>       91
02/TCP,9125/UDP
                                                             1h
Istio-telemetry              ClusterIP      10.104.121.198   <none>       90
91/TCP,15004/TCP,9093/TCP,42422/TCP
                                                             1h
prometheus                   ClusterIP      10.97.122.69     <none>       90
90/TCP
                                                             1h
```

注意，如果是通过 Minikube 启动集群，则不支持在外部负载均衡器的环境中运行，因此 Istio-ingressgateway 的 EXTERNAL-IP 会显示为<pending>状态。

同时还要确保相应的 Pod 都已启动并正常运行。因为创建 Pod 需要一定的时间，所以建议等待一段时间再查看，或者在命令后面添加-w 来查看状态的变化。图 3-10 所示的 Istio 部署列表展示了启动的 Istio 组件。

```
$ kubectl get pods -n Istio-system
NAME                                       READY   STATUS      RESTARTS   AGE
Istio-citadel-769b85bf84-dx7b7             1/1     Running     0          1h
Istio-cleanup-secrets-qq44q                0/1     Completed   0          1h
Istio-egressgateway-677c95648f-h28dv       1/1     Running     0          1h
Istio-galley-5c65774d47-vz6z7              1/1     Running     0          1h
Istio-ingressgateway-6fd6575b8b-wzqjb      1/1     Running     0          1h
Istio-pilot-76b8d79d66-bx9fv               2/2     Running     0          1h
Istio-policy-5b9945744b-dzvc6              2/2     Running     0          1h
Istio-sidecar-injector-75bfd779c9-649r8    1/1     Running     0          1h
```

```
Istio-statsd-prom-bridge-7f44bb5ddb-zxw5s    1/1    Running    0    1h
Istio-telemetry-5fc7ccc5b7-dp5fl             2/2    Running    0    1h
prometheus-84bd4b9796-hktb7                  1/1    Running    0    1h
```

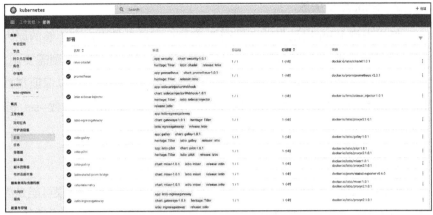

图 3-10　Istio 的部署列表

图 3-11 展示了容器组列表。如果以上服务都成功启动且没有失败的组件，则代表 Istio 安装完成。

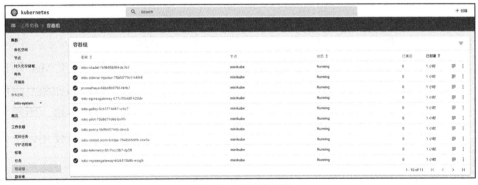

图 3-11　Istio 容器组

3.2.5　问题处理

1. Minikube 虚拟机驱动

如果在启动 Minikube 时遇到这种错误："This computer doesn't have VT-X/AMD-v enabled. Enabling it in the BIOS is mandatory"，则说明该系统虚拟机驱动没有打开，

可以尝试不使用虚拟机而是使用 Docker 启动。

```
minikube start --vm-driver=none
```

2. Pilot 启动失败

如果发现 Pilot 启动失败，则需要查看一下是否是由内存不够的原因而导致的。Pilot 默认需要的内存为 2GB，如果使用的是 Docker 桌面版，则需要调大 Docker 的使用内存以便 Pilot 能正常地启动。我建议至少分配 8GB 内存以保证集群运行的流畅性。如果计算机内存比较小，也可以尝试通过传递 helm 参数 --set pilot.resources.requests.memory="512Mi" 来减少 Pilot 的内存用量。

3. 镜像获取错误

如果在安装过程中遇到 ImagePullBackOff 这样的信息，则很可能是因为国内网络环境问题而无法下载镜像所导致的。可以在网络上搜索对应的国内镜像地址重新下载。

3.3 小结

这一章介绍了如何从零开始一个 Istio 开发环境的搭建。

首先需要保证有 Go 语言的开发环境，然后安装 Docker。对于 Mac 用户，推荐使用最新的 Docker 桌面版，因为它已经内置了一个简易的 Kubernetes 集群。对于 Linux 用户，推荐使用 Minikube 来构建统一的 Kubernetes 集群环境。当然，目前很多云平台都提供了 Kubernetes 服务，如果有需求的话，可以直接使用云平台。第 9 章会介绍云平台的 Istio 安装。

Helm 是 Kubernetes 环境下的包管理工具，Istio 官方推荐使用 Helm 安装 Istio。使用 Helm 可以通过 template 和 install 两种方式安装，这里只介绍了第一种。对于 helm install 的安装方式需要服务器端 Tiller，读者可自行尝试。

安装完成后，可以通过命令行的方式对 Pod 以及服务的状态进行查看，也可以启动 Kubernetes 的仪表板通过页面查看 Istio 的各种信息。最后对安装过程中可能出现的问题进行了讲解。

第 4 章将会描述如何在 Istio 平台上搭建官方的示例应用 Bookinfo，为实际演练做最后准备。

第 4 章

Bookinfo 应用

4.1 什么是 Bookinfo 应用

我们需要部署一个微服务应用来测试 Istio 的各项功能。可以选择自己实现一个微服务系统并部署到 Kubernetes 集群。相比自己构建一个多服务的测试应用，更简单的办法是直接使用官方提供的 Bookinfo 应用。

Bookinfo 是一个模拟的在线书店应用，只有一个页面，由图书列表、图书详细信息、评论和评分 4 个部分组成，这些部分分别由对应的微服务来实现。Bookinfo 应用是一个异构应用，不同的服务使用不同的程序语言编写，共同组成了一个微服务系统。具体的服务如表 4-1 所示。

表 4-1　　　　　　　　　　Bookinfo 应用的微服务

服务	功能	实现语言
productpage	图书列表	Python
details	图书详细信息	Ruby
reviews	评论	Java
ratings	评分	Node.js

另外，reviews 服务有 3 个版本，可以用来测试流量控制的相关功能。各版本对应的特性如表 4-2 所示。

表 4-2　　reviews 服务的 3 个版本

reviews 服务的版本	特性
v1	不会调用 ratings 服务
v2	调用 ratings 服务，用黑色星标显示评分信息
v3	调用 ratings 服务，用红色星标显示评分信息

图 4-1 展示了这个应用的服务结构。

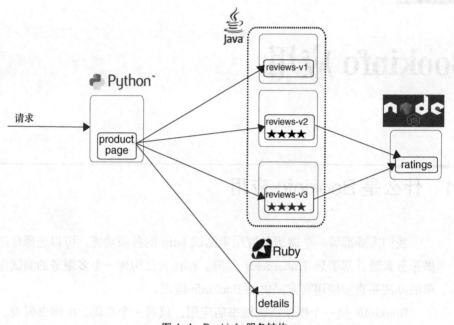

图 4-1　Bookinfo 服务结构

在第 2 章的介绍中我们了解到，想要通过 Istio 来管理这个应用的网络通信，需要把 Sidecar（Istio 架构中的 Envoy 代理）注入每个服务中，并把网络流量托管给 Envoy 代理。这对服务是无侵入的，不需要修改微服务，只需要配置和运行一些命令。注入后就可以利用 Istio 为应用提供流量管理等功能。图 4-2 中每个服务旁边的黑色框条就代表着对应的 Envoy 代理。

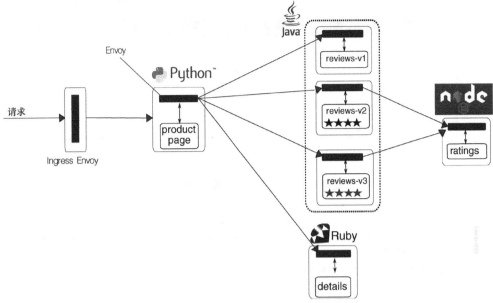

图 4-2 注入了 Sidecar 的 Bookinfo 应用

4.2 部署 Bookinfo 应用

4.2.1 安装和部署

下面把 Bookinfo 应用部署到 Kubernetes 集群中，具体部署步骤如下。

（1）进入 Istio 安装目录。

（2）使用自动注入的方式，为 default 命名空间打上标签 Istio-injection=enabled。

```
$ kubectl label namespace default Istio-injection=enabled
namespace/default labeled
```

自动注入是在 Kubernetes1.9 版本后引入的新功能，本质上是通过 Kubernetes 中的 admission webhook 实现的。开启自动注入会给部署在当前命名空间的服务都自动添加一个 Sidecar 代理。

从图 4-3 可以看到，default 命名空间已经打上了 Istio-injection 的标签。

第 4 章 Bookinfo 应用

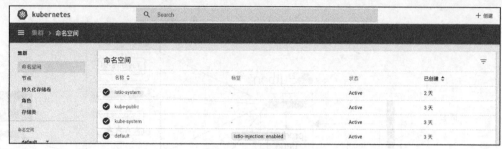

图 4-3 自动注入标签

（3）从 Istio 安装包里的 samples 目录下获取 bookinfo 的清单文件，并使用命令部署。

```
##################################################################
# Details service
##################################################################
apiVersion: v1
kind: Service
metadata:
  name: details
  labels:
    app: details
spec:
  ports:
  - port: 9080
    name: http
  selector:
    app: details
---
apiVersion: extensions/v1beta1
kind: Deployment
metadata:
  name: details-v1
spec:
  replicas: 1
  template:
    metadata:
      labels:
        app: details
        version: v1
    spec:
      containers:
      - name: details
        image: Istio/examples-bookinfo-details-v1:1.8.0
```

```yaml
        imagePullPolicy: IfNotPresent
        ports:
        - containerPort: 9080
---
##########################################################################
#############
# Ratings service
##########################################################################
#############
apiVersion: v1
kind: Service
metadata:
  name: ratings
  labels:
    app: ratings
spec:
  ports:
  - port: 9080
    name: http
  selector:
    app: ratings
---
apiVersion: extensions/v1beta1
kind: Deployment
metadata:
  name: ratings-v1
spec:
  replicas: 1
  template:
    metadata:
      labels:
        app: ratings
        version: v1
    spec:
      containers:
      - name: ratings
        image: Istio/examples-bookinfo-ratings-v1:1.8.0
        imagePullPolicy: IfNotPresent
        ports:
        - containerPort: 9080
---
##########################################################################
#############
# Reviews service
```

```yaml
##############################################################################
##############
apiVersion: v1
kind: Service
metadata:
  name: reviews
  labels:
    app: reviews
spec:
  ports:
  - port: 9080
    name: http
  selector:
    app: reviews
---
apiVersion: extensions/v1beta1
kind: Deployment
metadata:
  name: reviews-v1
spec:
  replicas: 1
  template:
    metadata:
      labels:
        app: reviews
        version: v1
    spec:
      containers:
      - name: reviews
        image: Istio/examples-bookinfo-reviews-v1:1.8.0
        imagePullPolicy: IfNotPresent
        ports:
        - containerPort: 9080
---
apiVersion: extensions/v1beta1
kind: Deployment
metadata:
  name: reviews-v2
spec:
  replicas: 1
  template:
    metadata:
      labels:
        app: reviews
        version: v2
```

```yaml
      spec:
        containers:
        - name: reviews
          image: Istio/examples-bookinfo-reviews-v2:1.8.0
          imagePullPolicy: IfNotPresent
          ports:
          - containerPort: 9080
---
apiVersion: extensions/v1beta1
kind: Deployment
metadata:
  name: reviews-v3
spec:
  replicas: 1
  template:
    metadata:
      labels:
        app: reviews
        version: v3
    spec:
      containers:
      - name: reviews
        image: Istio/examples-bookinfo-reviews-v3:1.8.0
        imagePullPolicy: IfNotPresent
        ports:
        - containerPort: 9080
---
##########################################################################
# Productpage services
##########################################################################
apiVersion: v1
kind: Service
metadata:
  name: productpage
  labels:
    app: productpage
spec:
  ports:
  - port: 9080
    name: http
  selector:
    app: productpage
---
```

```yaml
apiVersion: extensions/v1beta1
kind: Deployment
metadata:
  name: productpage-v1
spec:
  replicas: 1
  template:
    metadata:
      labels:
        app: productpage
        version: v1
    spec:
      containers:
      - name: productpage
        image: Istio/examples-bookinfo-productpage-v1:1.8.0
        imagePullPolicy: IfNotPresent
        ports:
        - containerPort: 9080
---
```

熟悉 Kubernetes 的读者都知道，这份清单文件看似很长但实际上很简单，分别为 4 个微服务定义了自己的 Service 和 Deployment。每个服务都能够从 Istio 官方提供的地址拉取相应的容器镜像。其中不太一样的是，reviews 服务有 3 个版本，并启动了 3 个 Deployment。

启动服务需要一定的时间，通过输出日志我们可以看到，4 个服务都已经在创建中。

```
$ kubectl apply -f samples/bookinfo/platform/kube/bookinfo.yaml
service/details created
deployment.extensions/details-v1 created
service/ratings created
deployment.extensions/ratings-v1 created
service/reviews created
deployment.extensions/reviews-v1 created
deployment.extensions/reviews-v2 created
deployment.extensions/reviews-v3 created
service/productpage created
deployment.extensions/productpage-v1 created
```

也可以在 Kubernetes 的仪表板中查看服务的创建情况，图 4-4 展示了启动中的 Bookinfo 应用的情况。

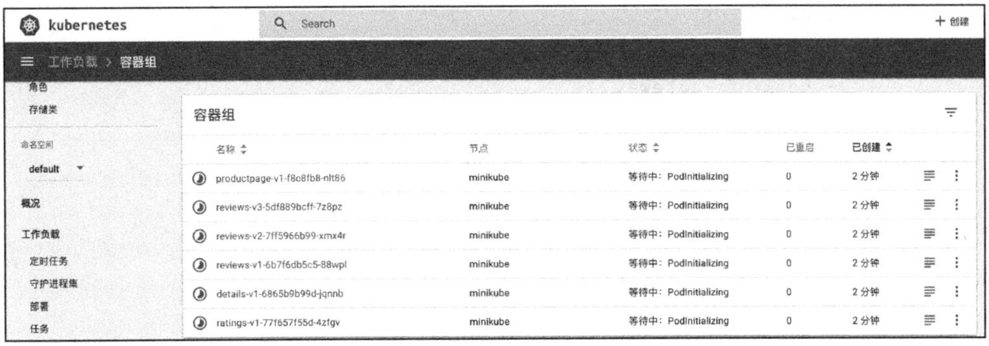

图 4-4 启动中的 Bookinfo 应用

（4）接下来给应用定义入口网关（Ingress Gateway）。因为需要从外部（如浏览器）来访问 Kubernetes 集群里的服务，所以要通过网关实现请求的转发。

```
$ kubectl apply -f samples/bookinfo/networking/bookinfo-gateway.yaml
```

网关的清单内容如下。定义名为 bookinfo-gateway 的网关，使用 Istio 默认的 ingressgateway，并对外提供 HTTP 请求进行访问。第二部分定义了 VirtualService，它是一种配置资源，主要负责定义路由规则，将请求路由到对应的服务上。关于 VirtualService 我们会在后面流量管理的章节中详细介绍。

```
apiVersion: networking.Istio.io/v1alpha3
kind: Gateway
metadata:
  name: bookinfo-gateway
spec:
  selector:
    Istio: ingressgateway # use Istio default controller
  servers:
  - port:
      number: 80
      name: http
      protocol: HTTP
    hosts:
    - "*"
---
apiVersion: networking.Istio.io/v1alpha3
kind: VirtualService
metadata:
  name: bookinfo
spec:
  hosts:
```

```
      - "*"
    gateways:
    - bookinfo-gateway
    http:
    - match:
      - uri:
          exact: /productpage
      - uri:
          exact: /login
      - uri:
          exact: /logout
      - uri:
          prefix: /api/v1/products
      route:
      - destination:
          host: productpage
          port:
            number: 9080
```

可以通过下面的命令确认网关是否创建完成。

```
$ kubectl get gateway
NAME                AGE
bookinfo-gateway    32s
```

（5）确认所有的服务都已经启动。

```
$ kubectl get svc
NAME            CLUSTER-IP      EXTERNAL-IP    PORT(S)      AGE
details         10.0.0.31       <none>         9080/TCP     6m
Kubernetes      10.0.0.1        <none>         443/TCP      7d
productpage     10.0.0.120      <none>         9080/TCP     6m
ratings         10.0.0.15       <none>         9080/TCP     6m
reviews         10.0.0.170      <none>         9080/TCP     6m
```

确认 Pod 都正常运行。

```
$ kubectl get pods
NAME                                READY    STATUS     RESTARTS   AGE
details-v1-1520924117-48z17         2/2      Running    0          6m
productpage-v1-560495357-jk11z      2/2      Running    0          6m
ratings-v1-734492171-rnr51          2/2      Running    0          6m
reviews-v1-874083890-f0qf0          2/2      Running    0          6m
reviews-v2-1343845940-b34q5         2/2      Running    0          6m
reviews-v3-1813607990-8ch52         2/2      Running    0          6m
```

也可以通过第 3 章提到的 Kubernetes 仪表板页面来查看服务的启动情况。

当服务启动完成后，就可以用浏览器打开网址 http://localhost/productpage，来浏览应用的 Web 页面，如图 4-5 所示。

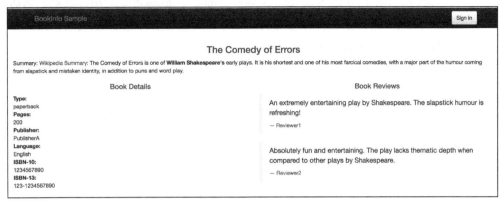

图 4-5　Bookinfo 应用页面

4.2.2　默认目标规则

如果想用 Istio 控制 Bookinfo 的路由，则需要先定义目标规则。执行以下命令。

```
$ kubectl apply -f samples/bookinfo/networking/destination-rule-all.yaml
```

上面命令中的清单是没有开启 mTLS 的版本，即服务间的通信不需要安全验证。开启 mTLS 的运行方式会在第 8 章介绍安全特性的时候进行解析。可以使用下面的命令查看目标规则，-o 代表-output，后面接输出格式。

```
$ kubectl get destinationrules -o yaml
```

需要注意的一点是，Bookinfo 的页面中会调用相关地址（https://ajax.googleapis.com/ajax/libs/jquery/2.1.4/jquery.min.js）的 jquery 文件，因此网络环境应可以访问 ajax.googleapis.com 这个地址，以便功能正常。

4.3　小结

Bookinfo 是 Istio 官方提供的样例应用，它是一个异构的微服务系统，能够很好地模拟生产环境的应用。本章对 Bookinfo 应用的整体结构做了详细介绍，以便读者可以清楚地了解应用的全貌。

我们在本地搭建的 Kubernetes 集群中部署了 Bookinfo 应用并设置了默认的路由规则。从第 5 章开始，大部分的实战练习都是基于 Bookinfo 应用的，因此需要读者了解并部署它，为后续练习做准备。

第 5 章

流量管理

流量管理是实际应用场景中最重要的需求，也是服务网格主要的功能之一。本章会通过一系列的实例来介绍 Istio 强大的流量管理和控制能力。

5.1 流量管理中的规则配置

要控制流量，就需要定义一些规则。Istio 中定义了一个简单的配置模型，可以很方便地进行规则的配置。在示例练习前，需要先了解一下与规则配置相关的重要概念和基本的配置方法。

Istio 中定义了 4 种针对流量管理的配置资源，如表 5-1 所示。这 4 种资源协同操作完成了流量管理的配置工作。

表 5-1　　　　　　　　　　Istio 中的 4 种配置资源

配置资源	说明
虚拟服务（VirtualService）	用来定义路由规则，控制请求如何被路由到服务
目标规则（DestinationRule）	用来配置请求的策略
服务入口（ServiceEntry）	主要用来定义从外部如何访问服务网格
网关（Gateway）	在网格的入口设置负载、控制流量等

5.1.1 VirtualService

VirtualService 的主要功能是定义路由规则,使请求(流量)可以依据这些规则被分发到对应的服务。路由的方式也有很多种,可以根据请求的源或目标地址路由,也可以根据路径、头信息,或者服务版本进行路由。

要路由就必须定义目标主机,VirtualService 中的目标主机定义使用 hosts 关键字。除了定义域名外,也可以直接定义可路由的服务。比如下面的配置定义了两个目标主机:reviews 服务和 bookinfo.com 域名。

```
hosts:
  - reviews
  - bookinfo.com
```

根据不同的版本对服务流量进行拆分是常用的功能。在 Istio 中服务版本依靠标签进行区分,可以定义不同种类的标签(如版本号、平台),对流量以不同的维度进行灵活的分配。拆分流量使用 weight 关键字来设置。如下面的配置,把 75%的流量分配给 v1 版本的 reviews 服务,25%的流量分配给 v2 版本。

```
apiVersion: networking.Istio.io/v1alpha3
kind: VirtualService
metadata:
  name: reviews
spec:
  hosts:
    - reviews
  http:
    - route:
      - destination:
          host: reviews
          subset: v1
        weight: 75
      - destination:
          host: reviews
          subset: v2
        weight: 25
```

上面的配置中出现了 subset(子集)关键字。subset 其实就是特定版本的标签,它和标签的映射关系定义在 DestinationRule 里。比如在 subset 中设置标签为 "version: v1",代表只有附带这个标签的 Pod 才能接受流量。Istio 强制要求 Pod 设置带有 version

的标签，以此来实现流量控制和指标收集等功能。

比如下面的例子定义了两个子集，分别对应 v1、v2 两个标签。

```
...
subsets: #定义了包含两个标签的子集
- name: v1
  labels:
    version: v1 #真实的 Pod 标签
- name: v2
  labels:
    version: v2
```

使用 timeout 关键字可以设置请求的超时时间，比如下面的例子，对访问 ratings 服务的请求设置 10s 超时。

```
apiVersion: networking.Istio.io/v1alpha3
kind: VirtualService
metadata:
  name: ratings
spec:
  hosts:
    - ratings
  http:
  - route:
    - destination:
        host: ratings
        subset: v1
    timeout: 10s
```

除了超时还可以通过 retries 关键字设置重试。下面的设置表示最多重试 3 次，每次的超时时间为 2s。

```
apiVersion: networking.Istio.io/v1alpha3
kind: VirtualService
metadata:
  name: ratings
spec:
  hosts:
    - ratings
  http:
  - route:
    - destination:
        host: ratings
        subset: v1
    retries:
```

```
        attempts: 3
        perTryTimeout: 2s
```

微服务应用中时常会出现服务网络延迟等问题，Istio 里提供了配置可以模拟这些错误，这样就可以测试在真实环境中发生问题时上下游的服务是否会受到影响，并做出相应的调整。这就是故障注入功能。

使用 fault 关键字来设置故障注入。在下面的例子中我们注入了一个延迟故障，使得 ratings 服务 10%的响应会出现 5s 的延迟。除了延迟，还可以设置终止或者返回 HTTP 故障码。

```
apiVersion: networking.Istio.io/v1alpha3
kind: VirtualService
metadata:
  name: ratings
spec:
  hosts:
  - ratings
  http:
  - fault:
      delay:
        percent: 10
        fixedDelay: 5s
    route:
    - destination:
        host: ratings
        subset: v1
```

上面介绍的流量拆分是通过版本标签和权重实现的，另外一种有效的方式是定义匹配条件，这是通过 match 关键字实现的。比如下面的例子，对特定的 URL 进行匹配。

```
apiVersion: networking.Istio.io/v1alpha3
kind: VirtualService
metadata:
  name: productpage
spec:
  hosts:
    - productpage
  http:
  - match:
    - uri:
        prefix: /api/v1
```

可以同时设置多个匹配项。匹配的策略有很多，比如头信息、标签等，读者可以通过表 5-2 查看设置可选项。

表 5-2　　　　　　　　　　虚拟服务配置中的 match 选项

字段	类型	描述
uri	[StringMatch]	URI 的匹配要求，大小写敏感
scheme	[StringMatch]	URI 模式的匹配要求，大小写敏感
method	[StringMatch]	HTTP 方法的匹配条件，大小写敏感
authority	[StringMatch]	HTTP 认证值的匹配要求，大小写敏感
headers	map<string,[StringMatch]>	Header 的键必须是小写的，使用连字符作为分隔符，比如 x-request-id。Header 的匹配同样是大小写敏感的
port	uint32	指定主机上的端口
sourceLabels	map<string, string>	用一个或多个标签选择工作负载
gateways	string[]	规则所涉及的 Gateway 的名称列表

需要注意的是，VirtualService 中的路由配置规则是有优先级的。如果在配置中定义了多条规则，则按照顺序优先匹配第一条，但是 Header 条件除外。如果匹配规则中设置了 Header，则它具有最高优先级。

5.1.2　DestinationRule

第二种配置资源是 DestinationRule，它通常都是和 VirtualService 成对出现的。它的功能是当 VirtualService 的路由生效后，配置一些策略并应用到请求中。另外，subset 和标签的对应关系也被定义在 DestinationRule 中。

下面的例子展示了一个 DestinationRule 的配置，除定义了 VirtualService 中要使用的两个 subset 外，还设置以随机的方式对 reviews 服务进行负载均衡。

```
apiVersion: networking.Istio.io/v1alpha3
kind: DestinationRule
metadata:
  name: reviews
spec:
  host: reviews
  trafficPolicy:
    loadBalancer:
      simple: RANDOM
  subsets:
  - name: v1
```

```
      labels:
        version: v1
    - name: v2
      labels:
        version: v2
```

微服务的弹性设计里有一种功能叫作熔断（Circuit Breaker），它是一种服务降级处理的方式。当某个服务出现故障后，为了不影响下游服务而对其设置断流操作。我们可以在 DestinationRule 中方便地实现这个功能。下面的例子设置针对 reviews 服务的最大连接只能有 100 个，如果超过这个数字就会断流。

```
apiVersion: networking.Istio.io/v1alpha3
kind: DestinationRule
metadata:
  name: reviews
spec:
  host: reviews
  subsets:
  - name: v1
    labels:
      version: v1
    trafficPolicy:
      connectionPool:
        tcp:
          maxConnections: 100
```

需要注意一点，在上面的例子中，如果特定的 subset 定义了策略，但没有定义对应的 VirtualService，则该策略并不会执行。在这种情况下，Istio 会以默认的方式（轮询）将请求发送给目标服务的全部版本。因此官方推荐的方式是给每个服务都定义路由规则，避免这种情况发生。

5.1.3　ServiceEntry

有时候我们希望服务能够访问外部系统，这就需要用到 ServiceEntry。它也是一种配置资源，用来给服务网格内的服务提供访问外部 URL 的能力。Istio 中的服务发现功能主要是依靠服务注册表实现的，ServiceEntry 能够在注册表中添加外部服务，使得内部服务可以访问这些被添加的 URL。因此，通过 ServiceEntry 就可以实现访问外部服务的能力。下面的例子展示了如何配置一个外部的 URL "*.foo.com"，使得网格内部的服务可以通过 HTTP 协议的 80 端口来访问它。

```
apiVersion: networking.Istio.io/v1alpha3
kind: ServiceEntry
metadata:
  name: foo
spec:
  hosts:
  - *.foo.com
  ports:
  - number: 80
    name: http
    protocol: HTTP
```

5.1.4 Gateway

和 ServiceEntry 相反，外部请求想要访问网格内的服务就要用到 Gateway。Gateway 为进入网格的请求配置了一个负载均衡器，把 VirtualService 绑定到 Gateway，这样就可以设置规则来控制进入的流量。比如下面的例子，为从外部进入 Bookinfo 网站的 HTTPS 流量配置了一个 Gateway。

```
apiVersion: networking.Istio.io/v1alpha3
kind: Gateway
metadata:
  name: bookinfo-gateway
spec:
  servers:
  - port:
      number: 443
      name: https
      protocol: HTTPS
    hosts:
    - bookinfo.com
```

要实现路由，还需要定义一个 VirtualService 并与网关绑定起来。下面的例子在 hosts 中对上面定义的名为 bookinfo-gateway 的 Gateway 进行了绑定。

```
apiVersion: networking.Istio.io/v1alpha3
kind: VirtualService
metadata:
  name: bookinfo
spec:
  hosts:
    - bookinfo.com
```

```
      gateways:
      - bookinfo-gateway
      http:
      - match:
        - uri:
            prefix: /reviews
        route:
        ...
```

通过上面的介绍我们了解到，Istio 中的流量控制主要是由这 4 个配置资源共同协作完成的。首先确认请求的主机（host）在 VirtualService 中是否有路由规则，如果有，则将请求发往对应的 subset。接下来，如果发现当前 subset 在 DestinationRule 中定义了策略，则执行此策略。同时，还可以设置 Gateway 负责负载均衡以及为服务定义出口。

5.2 流量转移

接下来，我们用实例来演示现实中常用的 3 种部署的应用场景：蓝绿部署、金丝雀发布和 A/B 测试。本质上它们都是通过路由配置来实现流量的转移。

5.2.1 蓝绿部署

蓝绿部署（Blue-Green Deployment），简单来讲就是在生产环境中部署两套同样的应用，并通过路由进行切换。比如，绿色是线上环境，当我们要发布新版本时，可以在蓝色环境中进行代码更新、测试等操作，确保没有问题后，修改路由规则（如反向代理等）把流量切换到绿色环境。蓝绿部署是一种热部署方式，目的是尽可能地减少系统下线的时间。图 5-1 展示了蓝绿部署的模式。

蓝绿部署的优点是可以让用户放心地去部署非在线环境，而不用担心部署出错影响生产环境。同时它也提供了快速回滚的能力，比如当我们发现蓝色环境（新版本）出现问题时，可以把流量再切换回绿色环境（旧版本）。蓝绿部署无须停机更新，风险较小。当然，它也有一些不足之处，比如需要两套环境，成本较高；当有未完成的业务（如数据库事务）时，切换版本可能会出现问题。蓝绿部署适合增量更新，在微服务架构中很常用。

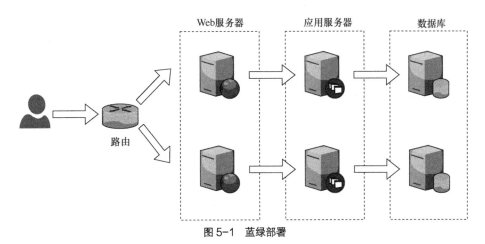

图 5-1 蓝绿部署

可以使用 Bookinfo 应用中的 reviews 服务来模拟蓝绿部署。reviews 服务有 3 个版本，我们假定 v1 版本是线上正在运行的版本，v2 是我们要更新上线的版本。需要做的就是制定路由规则，将流量转移到 v2 版本上。

首先定义 DestinationRule。

```
kubectl apply -f samples/bookinfo/networking/destination-rule-all.yaml
destinationrule.networking.Istio.io/productpage created
destinationrule.networking.Istio.io/reviews created
destinationrule.networking.Istio.io/ratings created
destinationrule.networking.Istio.io/details created
```

打开文件 destination-rule-all.yaml 可以看到，应用的默认 DestinationRule 仅仅是对 4 个服务进行了基本的子集定义，声明了各个服务的版本，没有添加任何特别的策略。

```
apiVersion: networking.Istio.io/v1alpha3
kind: DestinationRule
metadata:
  name: productpage
spec:
  host: productpage
  subsets:
  - name: v1
    labels:
      version: v1
---
```

```yaml
apiVersion: networking.Istio.io/v1alpha3
kind: DestinationRule
metadata:
  name: reviews
spec:
  host: reviews
  subsets:
  - name: v1
    labels:
      version: v1
  - name: v2
    labels:
      version: v2
  - name: v3
    labels:
      version: v3
---
apiVersion: networking.Istio.io/v1alpha3
kind: DestinationRule
metadata:
  name: ratings
spec:
  host: ratings
  subsets:
  - name: v1
    labels:
      version: v1
  - name: v2
    labels:
      version: v2
  - name: v2-mysql
    labels:
      version: v2-mysql
  - name: v2-mysql-vm
    labels:
      version: v2-mysql-vm
---
apiVersion: networking.Istio.io/v1alpha3
kind: DestinationRule
metadata:
  name: details
spec:
  host: details
  subsets:
  - name: v1
```

```
      labels:
        version: v1
    - name: v2
      labels:
        version: v2
---
```

接着，我们通过定义 VirtualService 来设置路由，将流量都指向 v1 版本。

```
# 将流量指向所有服务的 v1 版本
$ kubectl apply -f samples/bookinfo/networking/virtual-service-all-v1.yaml
virtualservice.networking.Istio.io/productpage created
virtualservice.networking.Istio.io/reviews created
virtualservice.networking.Istio.io/ratings created
virtualservice.networking.Istio.io/details created
```

文件 virtual-service-all-v1.yaml 分别对 4 个服务进行了基本的路由设置，把各服务的流量都绑定到 v1 版本。

```
apiVersion: networking.Istio.io/v1alpha3
kind: VirtualService
metadata:
  name: productpage
spec:
  hosts:
  - productpage
  http:
  - route:
    - destination:
        host: productpage
        subset: v1
---
apiVersion: networking.Istio.io/v1alpha3
kind: VirtualService
metadata:
  name: reviews
spec:
  hosts:
  - reviews
  http:
  - route:
    - destination:
        host: reviews
        subset: v1
---
apiVersion: networking.Istio.io/v1alpha3
```

```
  kind: VirtualService
metadata:
  name: ratings
spec:
  hosts:
  - ratings
  http:
  - route:
    - destination:
        host: ratings
        subset: v1
---
apiVersion: networking.Istio.io/v1alpha3
kind: VirtualService
metadata:
  name: details
spec:
  hosts:
  - details
  http:
  - route:
    - destination:
        host: details
        subset: v1
---
```

设置完成后我们来验证一下。在浏览器输入地址 http://localhost/productpage，可以看到如图 5-2 所示的页面，评分部分没有星标显示，正是因为我们配置的访问服务是 v1 版本。

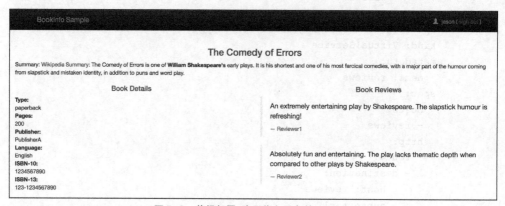

图 5-2　蓝绿部署 流量指向服务的 v1 版本

此时，我们相当于已经具备了蓝色部署（v1 版本），接下来编写 VirtualService，将所有的流量切换到 reviews 的 v2 版本上（绿色部署）。配置的内容很简单，只需要将 reviews 服务的目标子集 subset 设置成 v2 即可。

```
apiVersion: networking.Istio.io/v1alpha3
kind: VirtualService
metadata:
  name: reviews
spec:
  hosts:
  - reviews
  http:
  - route:
    - destination:
        host: reviews
        subset: v2
---
```

保存上面的清单文件，假设文件名为 virtual-service-reviews-v2.yaml，然后替换原来的配置。

```
$ istioctl replace -f virtual-service-reviews-v2.yaml
```

刷新浏览器，可以看到图 5-3 所示的带有黑色星标的评论页面，这代表流量都被切换到了 v2 版本上。由此可见，只需要借助 VirtualService 的路由配置，就可以在 Istio 中方便地实现蓝绿部署。

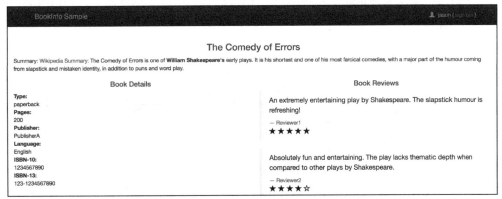

图 5-3　蓝绿部署 流量指向服务的 v2 版本

5.2.2 金丝雀发布

金丝雀发布（Canary Release），又叫作灰度发布，是一种将流量逐渐转移到新版本的部署方式，以便出现问题后控制受影响范围，降低风险。和蓝绿部署相比，它是以渐进的方式进行流量转移，相对更安全。

金丝雀发布的具体流程如下。首先将系统新版本以子集的方式部署在架构中，此时没有任何流量导入，如图 5-4 所示。

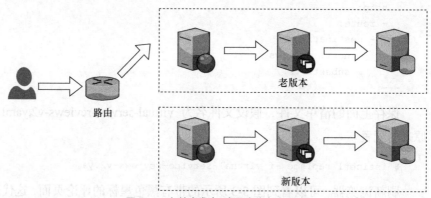

图 5-4　金丝雀发布 流量全指向老版本

在新版本准备完毕后，将一小部分用户流量转移过来，比如图 5-5 中所示的 5%。有多种策略来确定转移哪些用户，比如随机选择、用户 ID 尾号、公司内部用户或者地理位置等。

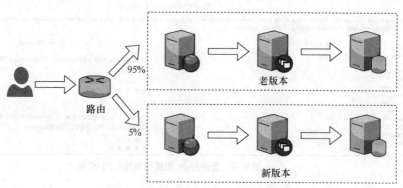

图 5-5　金丝雀发布 5%的流量指向新版本

在新版本经过测试没有问题后,就可以把全部的流量都切换到新版本上,如图 5-6 所示。

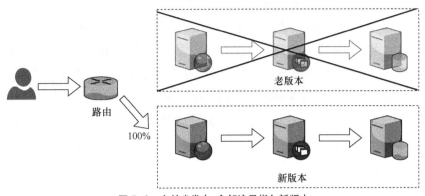

图 5-6　金丝雀发布 全部流量指向新版本

金丝雀发布的名称来源于一个典故。在 17 世纪,英国矿井工人发现,金丝雀对瓦斯这种气体十分敏感,空气中哪怕有极其微量的瓦斯,金丝雀也会停止歌唱;当瓦斯含量超过一定限度时,人类毫无察觉,但金丝雀却会毒发身亡。当时在采矿设备相对简陋的条件下,工人们每次下井都会带上一只金丝雀作为"瓦斯检测指标",以便在危险状况下紧急撤离。金丝雀发布也是基于这样的考虑,先用少量流量进行新版本的检验。

金丝雀发布的优点是可以利用真实的线上环境和用户数据进行测试。在很多情况下一些隐蔽的 Bug 很难在开发环境中被发现,只有在线上环境中才能暴露出来,因此能利用真实环境和数据测试是发现疑难杂症的重要手段。另外,当发现问题时也可以很安全地回滚,并控制受影响的范围。它的缺点是需要在同一时间点管理多个版本(通常是两个,也可以同时部署更多版本)。另一个案例是,当发布的是客户端版本(如手机的 App)时,就很难控制终端用户去更新版本,此时如果不同的客户端版本和后端进行通信,则需要进行向后兼容。

金丝雀发布经常和 A/B 测试一起使用,只不过侧重点不同。金丝雀发布的最终目的是发布新版本并完全替代旧版本,而 A/B 测试的主要目的是收集数据,比较两个版本的优劣。

Kubernetes 这样的容器编排平台其实也可以支持金丝雀发布。假设某个需要更新的服务拥有一组容器,我们可以只更新其中的一两个容器,来达到将一部分流量转移到新版本的目的。但是很显然,这只是一种简单的随机百分比部署方式,如果我们想根据特定规则、在不同维度（如地区划分）更新，就无法满足了。而这些策略使用 Istio 都很容易实现。

我们依然使用 Bookinfo 应用，并沿用蓝绿部署的例子来测试金丝雀发布。假设当前 reviews 服务的 v2 是老版本，现在要发布 v3 版本。在完全切换到新版本前，通过金丝雀发布先将 10%的流量转移到 v3 版本。和蓝绿部署不同，我们并不是把全部流量一下全切换到新版本，而是需要在配置中通过设置权重来实现流量转移。

要实现它需要在 VirtualService 中设置两个版本的权重。为 reviews 服务增加到 v3 的目标节点，同时用 weight 标记分别设置 v2 为 90，v3 为 10，即 90%的流量指向 v2 老版本，10%的流量用来测试 v3 新版本。保存如下清单文件为 reviews-v3-10.yaml。

```
apiVersion: networking.Istio.io/v1alpha3
kind: VirtualService
metadata:
  name: reviews
spec:
  hosts:
    - reviews
  http:
  - route:
    - destination:
        host: reviews
        subset: v2
      weight: 90
    - destination:
        host: reviews
        subset: v3
      weight: 10
```

执行命令替换路由规则。

```
$ istioctl replace -f reviews-v3-10.yaml
```

在浏览器中多刷新几次页面，会发现大约有 10%的概率可以出现图 5-7 中带有红色星标的评论页面，这表示它们流向了 v3 版本。

可以重复上面的过程，逐渐地增加新版本的流量占比，直到完全切换到新版本，这就是金丝雀发布的完整过程。

在金丝雀部署中，还可以利用 Kubernetes 的 HPA 特性对服务进行自动伸缩。HPA（Horizontal Pod Autoscaler，水平 Pod 自动伸缩）可以根据我们想要检测的指标（如 CPU 利用率），对 Pod 的数量进行动态调整。比如在本示例中，我们做下面的设置。

```
$ kubectl autoscale deployment reviews-v2 --cpu-percent=50 --min=1 --max=10
$ kubectl autoscale deployment reviews-v3 --cpu-percent=50 --min=1 --max=10
```

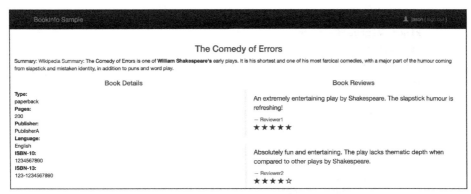

图 5-7　10%的流量指向 reviews 服务的 v3 版本

假设 reviews 服务的 Pod 一共有 10 个，一开始 90%的流量都在 v2 版本，因此大部分 Pod 都是 v2 版本。一旦调整了流量的比率，比如 50%的流量被转移到 v3 版本，通过查看 Pod 可以发现，两个版本的 Pod 数量持平了。利用 HPA 特性，可以很容易地实现自动伸缩，感兴趣的读者可以自己测试一下。

5.2.3　A/B 测试

A/B 测试（也叫分割测试或桶测试），是比较两个选项并分析结果的一种方法。比如一个网站上线了新的页面，要想了解用户对新页面的反馈情况，可以将流量分发到不同的版本上，通过对点击率、留存率和转化率等一系列指标的分析来确定哪一种版本更好。图 5-8 展示了一种通过 A/B 测试来判断用户留存率的方法。

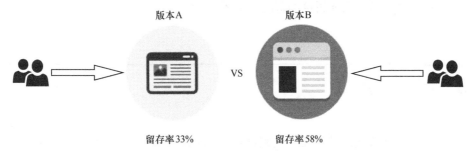

图 5-8　A/B 测试

A/B 测试在本质上和金丝雀发布的配置没有区别，都是进行流量转移。我们使用另一种策略来演示。假设我们的目标是给登录用户和非登录用户展示不同的页面（登录用户看到的是红星标版本，非登录用户看不到）。在清单中使用 match 来匹配不同的用户。

```
apiVersion: networking.Istio.io/v1alpha3
kind: VirtualService
metadata:
  name: reviews
spec:
  hosts:
  - reviews
  http:
  - match:
    - headers:
        end-user:
          regex: "^.*$"
    route:
    - destination:
        host: reviews
        subset: v3
  - route:
    - destination:
        host: reviews
        subset: v1
```

保存清单文件为 login-abtest.yaml，并更新配置。

```
$ istioctl replace -f login-abtest.yaml
```

在浏览器以任何身份登录，会发现看到的都是红色星标的 v3 版本，而退出登录则只能看到没有星标的版本。

可以看到，在 Istio 里设置 A/B 测试非常方便，并且支持多种维度。当然，A/B 测试的最终目的是收集各项指标的数据，并根据数据做出决策。如何做一个完整的 A/B 测试不是本书要讨论的范畴，就不再具体讨论了。

5.3 超时和重试

对于分布式系统来说，网络故障的出现在所难免。比如在一个微服务应用中，服务 A 需要调用服务 B。当网络故障造成 B 出现延迟而无法及时响应时，如果 A 持续等待，那么它的上游服务也会受到影响，进而使得故障的面积扩散，造成更严重的问题。超时就是一种控制故障范围的机制，相当于一个简单的熔断策略。

网络有时候会出现抖动，这将导致通信失败；而重试的主要目的就是解决这一问题。在调用出现失败后进行重试，提高了服务间交互的成功率和可用性。

超时和重试都是微服务应用需要支持的功能，是提高系统弹性的重要保障。我们来看一看在 Istio 中如何进行超时和重试的设置。

5.3.1 超时

我们用下面的例子来测试超时设置。Bookinfo 中的 reviews 服务会调用 ratings 服务来进行评分显示(星标)，我们给 ratings 服务设置一个 7s 的延迟，同时在 reviews 服务中设置 1s 超时，使得超过 1s 后停止对 ratings 服务的调用。超时使用 timeout 标记来设置。

首先，把路由规则恢复到默认状态，避免前面的设置影响当前的例子。

```
$ istioctl replace -f samples/bookinfo/networking/virtual-service-all-v1.yaml
```

然后，把 reviews 服务切换为 v2 版本，使得它可以调用 ratings 服务。

```
$ kubectl apply -f - <<EOF
apiVersion: networking.Istio.io/v1alpha3
kind: VirtualService
metadata:
  name: reviews
spec:
  hosts:
    - reviews
  http:
  - route:
    - destination:
        host: reviews
        subset: v2
EOF
```

接下来，在 ratings 服务中加入 2s 的延迟。

```
$ kubectl apply -f - <<EOF
apiVersion: networking.Istio.io/v1alpha3
kind: VirtualService
```

```
metadata:
  name: ratings
spec:
  hosts:
  - ratings
  http:
  - fault:
      delay:
        percent: 100
        fixedDelay: 2s
    route:
    - destination:
        host: ratings
        subset: v1
EOF
```

打开浏览器访问 Bookinfo 的页面,可以看到正常显示星标,但页面需要加载 2s 左右。

最后,为 reviews:v2 服务的请求加入 1s 的请求超时。

```
$ kubectl apply -f - <<EOF
apiVersion: networking.Istio.io/v1alpha3
kind: VirtualService
metadata:
  name: reviews
spec:
  hosts:
  - reviews
  http:
  - route:
    - destination:
        host: reviews
        subset: v2
    timeout: 1s
EOF
```

刷新页面,这时候可以注意到页面在加载 1s 后就返回了,如图 5-9 所示,页面右侧显示了错误信息。

出现错误的原因和我们预计的一样,reviews 服务调用 ratings 时有 2s 的延迟,使得服务无法在 1s 限制内返回,这就触发了超时。在 Istio 中,服务默认的超时时间是 15s。

图 5-9　超时错误示例

5.3.2　重试

重试使用关键字 retires 来设置，它包含下面两个字段：attempts 用来定义尝试的次数，perTryTimeout 用来设置每次尝试等待的时长。

利用上面的例子来测试重试（注意，要取消对 reviews 服务的超时设置）。针对 ratings 服务设置 3 次的重试机制，每次等待 1s。因为我们设置 ratings 服务延迟 8s 返回，所以对它调用 3 次重试都应该完成。

```
$ cat <<EOF | kubectl apply -f -
apiVersion: networking.Istio.io/v1alpha3
kind: VirtualService
metadata:
  name: ratings
spec:
  hosts:
  - ratings
  http:
  - fault:
      delay:
        percent: 100
        fixedDelay: 8s
    route:
    - destination:
        host: ratings
        subset: v1
    retries:
      attempts: 3
      perTryTimeout: 1s
EOF
```

如何验证系统确实进行了重试？服务调用的日志由 Istio-proxy 收集，我们只需要找到 ratings 服务对应的 Pod，通过 Kubernetes logs 命令就可以查看到日志。

```
$ kubectl get po
NAME                              READY   STATUS    RESTARTS   AGE
details-v1-6865b9b99d-jvnps       2/2     Running   0          56d
productpage-v1-67f5f8d767-5tfrq   2/2     Running   0          56d
ratings-v1-77f657f55d-pdsvj       2/2     Running   0          56d
reviews-v1-6b7f6db5c5-nclz2       2/2     Running   0          56d
reviews-v2-6d45548648-ch5nm       2/2     Running   0          56d
reviews-v3-7789b457c5-9lc2q       2/2     Running   0          56d
```

这里本地 ratings 服务对应的 Pod 名称是 ratings-v1-77f657f55d-pdsvj，打印日志。如果看到多条类似的日志，就说明重试生效了。

```
$ kubectl logs -f ratings-v1-77f657f55d-pdsvj Istio-proxy
[2019-03-05T14:51:23.118Z] "GET /ratings/0HTTP/1.1" 200 DI 0 48 8153 152 "-
" "Apache-CXF/3.1.14" "29845035-ef88-495f-92fc-44e33b8da791" "ratings:9080"
 "10.1.0.45:9080" outbound|9080|v1|ratings.default.svc.cluster.local - 10.
108.136.54:9080 10.1.0.48:37872
```

5.4 控制入口流量

前面的示例都是对服务网格内部的流量进行控制，但很多时候需要公开服务并将其提供给集群外部进行访问。Istio 提供了这样的能力：通过入口网关将服务对外发布，以便外部可以访问。

现在部署一个新服务 httpbin 来测试对外访问，该服务并无特定的功能，仅仅用来测试访问。httpbin 服务依然是 Istio 官方提供的样例，可以在 samples/httpbin 目录下找到。

安装 httpbin 服务的命令如下。

```
$ kubectl apply -f samples/httpbin/httpbin.yaml
service/httpbin created
deployment.extensions/httpbin created
```

服务的配置信息很简单，定义了名称为 httpbin 的 Service 对象，HTTP 访问端口是 8000。同时定义了对应的 Deployment 对象，它只有一个 Pod，容器镜像从

docker.io/citizenstig/httpbin 获取。

```
##########################################################################
# httpbin service
##########################################################################
apiVersion: v1
kind: Service
metadata:
  name: httpbin
  labels:
    app: httpbin
spec:
  ports:
  - name: http
    port: 8000
  selector:
    app: httpbin
---
apiVersion: extensions/v1beta1
kind: Deployment
metadata:
  name: httpbin
spec:
  replicas: 1
  template:
    metadata:
      labels:
        app: httpbin
        version: v1
    spec:
      containers:
      - image: docker.io/citizenstig/httpbin
        imagePullPolicy: IfNotPresent
        name: httpbin
        ports:
        - containerPort: 8000
```

通过 kubectl get pod 命令可以确认 httpbin 的 Pod 启动是否完成。

5.4.1 确定入口 IP 和端口

使用下面的命令来查看入口网关的信息。

```
$ kubectl get svc Istio-ingressgateway -n Istio-system
NAME                   TYPE           CLUSTER-IP     EXTERNAL-IP    PORT(S)
   AGE
Istio-ingressgateway   LoadBalancer   10.99.72.46    localhost      80:31380/
TCP,443:31390/TCP,31400:31400/TCP,15011:32303/TCP,8060:32136/TCP,853:31083/
TCP,15030:32264/TCP,15031:32533/TCP    3d
```

因为这里本地使用的是 Kubernetes 桌面版,也并没有设置负载均衡,所以 EXTERNAL-IP 选项是 localhost(Minikube 下是 127.0.0.1),这是外部访问服务的地址。同时,也可以在 PORT 一栏中看到端口信息是 80。

5.4.2 配置网关

为了暴露对外服务,还需要定义一个入口网关,它相当于一个负载均衡器,用于接收传入的 HTTP 请求。网关的配置只是暴露主机名、端口和协议,不需要路由信息。

创建网关,使用 Istio 默认的 ingressgateway,端口号为 80,并采用 HTTP 协议。

```
$ kubectl apply -f - <<EOF
apiVersion: networking.Istio.io/v1alpha3
kind: Gateway
metadata:
  name: httpbin-gateway
spec:
  selector:
    Istio: ingressgateway          #这里是Istio默认的网关
  servers:
  - port:
      number: 80
      name: http
      protocol: HTTP
    hosts:
    - "*"
EOF
```

接下来为通过网关进入的流量配置路由信息。

```
$ kubectl apply -f - <<EOF
apiVersion: networking.Istio.io/v1alpha3
kind: VirtualService
```

```yaml
metadata:
  name: httpbin
spec:
  hosts:
  - "*"
  gateways:
  - httpbin-gateway
  http:
  - match:
    - uri:
        prefix: /headers
    - uri:
        prefix: /delay
    - uri:
        prefix: /html
    - uri:
        prefix: /status
    route:
    - destination:
        port:
          number: 8000
        host: httpbin
EOF
```

httpbin 服务提供了 4 个简单的测试功能，如表 5-3 所示。

表 5-3　　　　　　　　　　　httpbin 服务的 4 种功能

URL 前缀	功能
headers	返回请求的头信息
delay/{x}	延迟 x s 返回
status/{code}	返回对应的 HTTP 状态码
html	返回一个纯文本的页面

为测试这几个请求，我们为 httpbin 服务创建了 4 条路由规则，允许这 4 个 URL 前缀的请求通过，其他 URL 都会返回 404 错误。同时，将目标地址配置为 Service 对象定义的主机名 httbin，端口为 8000，这样入口网关和服务就关联好了。

下面来测试一下配置是否生效。在浏览器里输入 http://localhost/html，可以看到图 5-10 所示的文本页面。

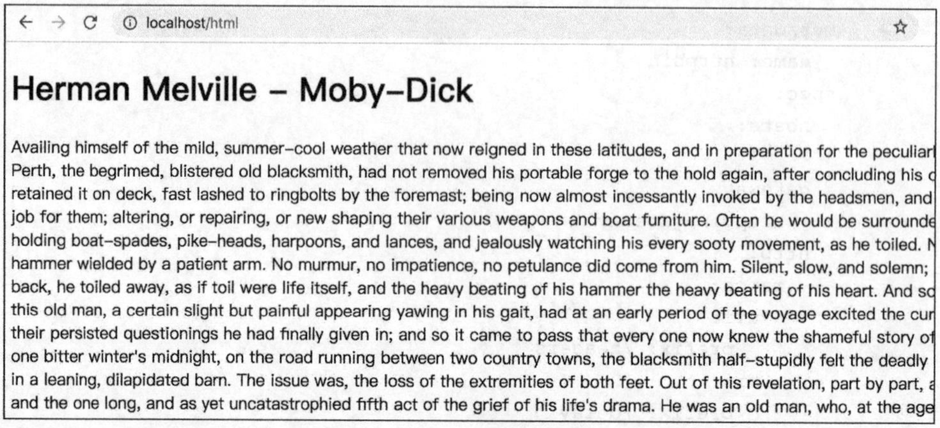

图 5-10　httpbin 服务测试

如果输入 http://localhost/headers，则可以看到类似于下面的头信息。

```
{
    "headers": {
        "Accept": "text/html,Application/xhtml+xml,Application/xml;q=0.9,im
age/webp,image/apng,*/*;q=0.8",
        "Accept-Encoding": "gzip, deflate, br",
        "Accept-Language": "zh-CN,zh;q=0.9,en;q=0.8",
        "Content-Length": "0",
        "Cookie": "grafana_sess=7e56f79354e9de9a; session=eyJ1c2VyIjoiamFzb
24ifQ.D17Wpg.PPTwsJU5ulvxxEffHN2Hq3Rz9oA",
        "Host": "localhost",
        "Upgrade-Insecure-Requests": "1",
        "User-Agent": "Mozilla/5.0 (Macintosh; Intel Mac OS X 10_13_3) Appl
eWebKit/537.36 (KHTML, like Gecko) Chrome/71.0.3578.98 Safari/537.36",
        "X-B3-Sampled": "0",
        "X-B3-Spanid": "5a6f357741697034",
        "X-B3-Traceid": "5a6f357741697034",
        "X-Envoy-Internal": "true",
        "X-Request-Id": "45382b0d-5444-4fb9-8f15-be75763706d5"
    }
}
```

读者可以自己尝试一下另外两个请求，看一看返回结果。

需要注意的是，为了测试方便，这里直接设置了网关的 hosts 配置为"*"，这样就会跳过 DNS 检查直接在浏览器进行访问。如果不使用通配符"*"，而定义主机为"httpbin.example.com"，那么要想实现访问就应在/etc/hosts 文件中添加对应的绑定信息（127.0.0.1 httpbin.example.com）。也可以在命令行中通过 curl 命令的-H 参数设置来进行验证。

```
$ curl -I -HHost:httpbin.example.com http://localhost/status/200
```

在这个示例中利用了本章开头介绍的 Gateway 配置资源。网关本质上就是外界和内部服务的一个桥梁，它使得服务可以被外界访问。

5.5 控制出口流量

和入口流量相反，有时候需要网格内的服务能够访问外界的系统。在默认情况下，Istio 管理的服务是不能直接访问外部 URL 的，它们只能访问网格内部的服务。如果想要访问外部服务，有下面两种方式。

- 为外部服务定义 ServiceEntry。
- 修改 Sidecar 的配置，使其开放对外部 IP 的访问。

推荐使用 ServiceEntry 方式，因为它可以通过配置把外部 URL（系统）注册到网格，使得网格内的服务可以被识别。这种情况下还可以继续使用 Istio 提供的各种功能。这类似于把外部 URL 映射为一个网格内的服务，使得内部服务可以像访问其他服务一样访问它。本节重点介绍如何通过 ServiceEntry 方式调用外部服务。

5.5.1 启动 Sleep 服务

要完成本节任务，需要启动一个新的服务 Sleep。这个服务也可以在官方的示例目录下找到。打开 samples/sleep/sleep.yaml 文件可以发现，Sleep 服务非常简单，它就是一个有 curl 命令的容器，通过它能够验证在容器内是否可以通过 curl 访问外部服务。

```
##########################################################################
#################
# Sleep service
##########################################################################
#################
apiVersion: v1
kind: Service
metadata:
```

```yaml
  name: sleep
  labels:
    app: sleep
spec:
  ports:
  - port: 80
    name: http
  selector:
    app: sleep
---
apiVersion: extensions/v1beta1
kind: Deployment
metadata:
  name: sleep
spec:
  replicas: 1
  template:
    metadata:
      labels:
        app: sleep
    spec:
      containers:
      - name: sleep
        image: pstauffer/curl
        command: ["/bin/sleep", "3650d"]
        imagePullPolicy: IfNotPresent
---
```

执行清单文件，启动 Sleep 服务。

```
$ kubectl apply -f samples/sleep/sleep.yaml
service/sleep created
deployment.extensions/sleep created
```

通过下面的命令获取 Sleep 服务对应的 Pod 名称，这里是 sleep-79cc87b6b9-ccg5l，稍后我们要用这个名称进行登录。

```
kubectl get pod -l app=sleep
NAME                      READY   STATUS    RESTARTS   AGE
sleep-79cc87b6b9-ccg5l    2/2     Running   0          7m
```

5.5.2 配置外部服务

下面是其中很重要的步骤：创建一个 ServiceEntry，使得 Sleep 服务可以访问配置中的外部 URL。在这个例子中使用 httpbin.org 作为外部 URL，它是一个专门用来测试的简单的 HTTP 请求和响应服务，可以在浏览器中直接打开它。

```
$ kubectl apply -f - <<EOF
apiVersion: networking.Istio.io/v1alpha3
kind: ServiceEntry
metadata:
  name: httpbin-ext
spec:
  hosts:
  - httpbin.org
  ports:
  - number: 80
    name: http
    protocol: HTTP
  resolution: DNS
  location: MESH_EXTERNAL
EOF
```

在上面的清单中，我们配置了一个名为 httpbin-ext 的服务入口，访问地址是 httpbin.org。关键字 resolution 用来设置主机的服务发现模式，本例中是 DNS 模式。location 用来定义服务的位置（内部还是外部），本例中是外部：MESH_EXTERNAL。

接下来我们通过 kubectl exec 命令进入 Sleep 服务的 Pod，通过 curl 命令向刚才设置的 httpbin.org 发送请求。

```
$ kubectl exec -it sleep-79cc87b6b9-ccg5l -c sleep sh
$ curl http://httpbin.org/headers
{
  "headers": {
    "Accept": "*/*",
    "Connection": "close",
    "Host": "httpbin.org",
    "User-Agent": "curl/7.60.0",
    "X-B3-Sampled": "0",
    "X-B3-Spanid": "61059b038c29f7c7",
    "X-B3-Traceid": "61059b038c29f7c7",
    "X-Envoy-Decorator-Operation": "httpbin.org:80/*",
    ...
  }
}
```

可以看到请求有了正常的返回，说明网格内的 Sleep 服务具有了访问外部服务 httpbin 的能力。

5.5.3 配置外部 HTTPS 服务

除了访问 HTTP 服务，还可以对外部的 HTTPS 服务进行访问。在配置上不同的一点是，除了 ServiceEntry，还需要配置 VirtualService，因为需要在路由规则里设置 tls 来启用 SNI 路由。

下面配置一个针对百度网站的 HTTPS 访问。除了和上面类似的 ServiceEntry 定义，这里还定义了一个 VirtualService，添加了 tls 标记来支持 HTTPS 的调用。

```
$ kubectl apply -f - <<EOF
apiVersion: networking.Istio.io/v1alpha3
kind: ServiceEntry
metadata:
  name: baidu.com
spec:
  hosts:
  - www.baidu.com
  ports:
  - number: 443
    name: https
    protocol: HTTPS
  resolution: DNS
  location: MESH_EXTERNAL
---
apiVersion: networking.Istio.io/v1alpha3
kind: VirtualService
metadata:
  name: baidu.com
spec:
  hosts:
  - www.baidu.com
  tls:
  - match:
    - port: 443
      sni_hosts:
      - www.baidu.com
    route:
    - destination:
        host: www.baidu.com
        port:
          number: 443
      weight: 100
```

EOF

还是在刚才的 Pod 终端里通过 curl 来访问，可以看到页面内容被正确返回了。

```
$ curl https://www.baidu.com
<!DOCTYPE html>
<!--STATUS OK--><html> <head><meta http-equiv=content-type content=text/htm
l;charset=utf-8><meta http-equiv=X-UA-Compatible content=IE=Edge><meta cont
ent=always
...
```

5.5.4 为外部服务设置路由规则

刚才说到，使用 ServiceEntry 配置的外部服务相当于网格内的一员，它同样可以使用 Istio 的功能。比如下面的例子，我们为刚才配置的 httpbin.org 服务设置一个超时。

用下面的命令在 Pod 终端里调用 httpbin.org 外部服务的/delay 端点，请求会在 5s 左右返回一个 200(OK)的响应。

```
$ time curl -o /dev/null -s -w "%{http_code}\n" http://httpbin.org/delay/5
200
real    0m5.024s
user    0m0.003s
sys     0m0.003s
```

配置一个 VirtualService 并设置 3s 的超时，看一看对 httpbin.org 的请求还能不能正常返回。

```
$ kubectl apply -f - <<EOF
apiVersion: networking.Istio.io/v1alpha3
kind: VirtualService
metadata:
  name: httpbin-ext
spec:
  hosts:
    - httpbin.org
  http:
  - timeout: 3s
    route:
      - destination:
          host: httpbin.org
        weight: 100
EOF
```

运行上面的命令,发现这一次会在 3s 左右收到 504 网关超时的错误,这说明定义的超时策略生效了。

```
$ time curl -o /dev/null -s -w "%{http_code}\n" http://httpbin.org/delay/5
504
real    0m3.149s
user    0m0.004s
sys     0m0.004s
```

微服务系统中的内部服务难免要和外界进行交互。在 Istio 的控制下,使用 ServiceEntry 这种配置资源可以达到对外访问的目的。除了基本的 HTTP、HTTPS 请求外,还能对外部服务设置路由规则。

5.6 熔断

5.6.1 熔断简介

在一个电路系统中,电闸一般都带有保险丝这样的保护装置,一旦电压不稳或者短路,系统就自动跳闸切断电路,以免电流过大烧坏电器。同样,在分布式系统中也有类似的功能,这就是熔断。它的行为和电路系统中的跳闸非常类似,当下游服务出现错误时,通过重试发现服务暂时无法恢复,再进行无休止的重试已经没有意义了。此时上游服务为保护自己不受牵连,会切断对下游服务的调用。它是分布式系统应该具有的重要的弹性能力。

图 5-11 展示了一个熔断器开启和关闭的例子。当下游不可用时,打开熔断,直接返回,不再调用后端服务。

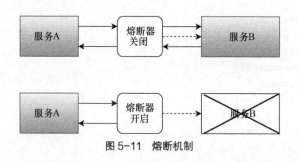

图 5-11 熔断机制

5.6.2 设置后端服务

我们使用前面介绍过的 httpbin 作为后端服务。如果读者练习过 5.4 节，则集群中应该已经启动了该服务；如果没有可以通过下面的命令启动。

```
$ kubectl apply -f samples/httpbin/httpbin.yaml
```

定义一个目标规则，为 httpbin 服务创建熔断器。

```
$ kubectl apply -f - <<EOF
apiVersion: networking.Istio.io/v1alpha3
kind: DestinationRule
metadata:
  name: httpbin
spec:
  host: httpbin
  trafficPolicy:
    connectionPool:
      tcp:
        maxConnections: 1
      http:
        http1MaxPendingRequests: 1
        maxRequestsPerConnection: 1
    outlierDetection:
      consecutiveErrors: 1
      interval: 1s
      baseEjectionTime: 3m
      maxEjectionPercent: 100
EOF
```

下面是实现熔断时可能会用到的配置项。

- connectionPool：上游主机的连接池配置。
- maxConnections：连接数限制，此处为 1。
- http1MaxPendingRequests：针对一个目标的 HTTP 请求的最大排队数量，此处为 1。
- maxRequestsPerConnection：对某一后端的请求中，一个连接内能够发出的最大请求数量。
- outlierDetection：熔断器需要持续追踪上游服务，即在检测到服务恢复时关闭熔断。这一配置项用来进行探测。

- consecutiveErrors：如果超过这一配置的数量，服务就会被移出连接池。
- interval：探测的间隔时间。
- baseEjectionTime：最小的移除时间长度。主机每次被移除后的隔离时间等于被移除的次数和最小移除时间的乘积。这样的实现，让系统能够自动增加不健康上游服务实例的隔离时间。默认值为 30s。
- maxEjectionPercent：上游服务的负载均衡池中允许被移除的主机的最大百分比。

通过上面的配置项可知，在以上清单中定义的熔断是，出现一次错误即发生熔断，间隔 1s 的检测是否恢复。

5.6.3　设置客户端

现在创建一个新的部署作为调用 httpbin 服务的客户端，来测试熔断机制。我们使用 Istio 官方推荐的负载测试工具 Fortio，它能够以并发的方式发送 HTTP 请求来模拟多用户调用。

```
$ kubectl apply -f <(istioctl kube-inject -f samples/httpbin/sample-client/fortio-deploy.yaml)
```

可以从下面的配置看出，已经获取 Fortio 的镜像并将其部署在集群中。

```
apiVersion: apps/v1beta1
kind: Deployment
metadata:
  name: fortio-deploy
spec:
  replicas: 1
  template:
    metadata:
      labels:
        app: fortio
    spec:
      containers:
      - name: fortio
        image: Istio/fortio:latest_release
        imagePullPolicy: Always
        ports:
        - containerPort: 8080
          name: http-fortio
```

```
        - containerPort: 8079
          name: grpc-ping
```

获取 Fortio 的 Pod，然后进入它的终端来调用 httpbin 服务。服务返回了状态码 200，调用成功。

```
$ FORTIO_POD=$(kubectl get pod | grep fortio | awk '{ print $1 }')
$ kubectl exec -it $FORTIO_POD  -c fortio /usr/local/bin/fortio -- load -cu
rl  http://httpbin:8000/get

HTTP/1.1 200 OK
server: envoy
date: Tue, 01 Jan 2019 13:04:23 GMT
content-type: Application/json
access-control-allow-origin: *
access-control-allow-credentials: true
content-length: 365
x-envoy-upstream-service-time: 4

{
  "args": {},
  "headers": {
    "Content-Length": "0",
    "Host": "httpbin:8000",
    "User-Agent": "Istio/fortio-1.0.1",
    "X-B3-Sampled": "0",
    "X-B3-Spanid": "1a18bc2ed22e6e6c",
    "X-B3-Traceid": "1a18bc2ed22e6e6c",
    "X-Request-Id": "0a3f0a25-e6d8-4458-a7e9-f7a7a76ca57b"
  },
  "origin": "127.0.0.1",
  "url": "http://httpbin:8000/get"
}
```

5.6.4　触发熔断机制

在前面的熔断设置中将最大连接数（maxConnections）和最大请求数（http1MaxPendingRequests）指定为 1，即如果有一个并发请求，就会触发熔断。下面利用 3 个并发操作来发送 30 个请求进行测试。

```
$ kubectl exec -it $FORTIO_POD  -c fortio /usr/local/bin/fortio -- load -c
3 -qps 0 -n 30 -loglevel Warning http://httpbin:8000/get
13:24:58 I logger.go:97> Log level is now 3 Warning (was 2 Info)
```

```
Fortio 1.0.1 running at 0 queries per second, 4->4 procs, for 30 calls: http:
 //httpbin:8000/get
Starting at max qps with 3 thread(s) [gomax 4] for exactly 30 calls (10 per
 thread + 0)
13:24:58 W http_client.go:604> Parsed non ok code 503 (HTTP/1.1 503)
13:24:58 W http_client.go:604> Parsed non ok code 503 (HTTP/1.1 503)
13:24:58 W http_client.go:604> Parsed non ok code 503 (HTTP/1.1 503)
13:24:58 W http_client.go:604> Parsed non ok code 503 (HTTP/1.1 503)
13:24:58 W http_client.go:604> Parsed non ok code 503 (HTTP/1.1 503)
13:24:58 W http_client.go:604> Parsed non ok code 503 (HTTP/1.1 503)
13:24:58 W http_client.go:604> Parsed non ok code 503 (HTTP/1.1 503)
13:24:58 W http_client.go:604> Parsed non ok code 503 (HTTP/1.1 503)
13:24:58 W http_client.go:604> Parsed non ok code 503 (HTTP/1.1 503)
Ended after 113.1132ms : 30 calls. qps=265.22
Aggregated Function Time : count 30 avg 0.0089433367 +/- 0.006918 min 0.001
3861 max 0.0296834 sum 0.2683001
# range, mid point, percentile, count
>= 0.0013861 <= 0.002 , 0.00169305 , 13.33, 4
> 0.003 <= 0.004 , 0.0035 , 23.33, 3
> 0.005 <= 0.006 , 0.0055 , 43.33, 6
> 0.006 <= 0.007 , 0.0065 , 53.33, 3
> 0.007 <= 0.008 , 0.0075 , 56.67, 1
> 0.008 <= 0.009 , 0.0085 , 70.00, 4
> 0.009 <= 0.01 , 0.0095 , 73.33, 1
> 0.011 <= 0.012 , 0.0115 , 76.67, 1
> 0.012 <= 0.014 , 0.013 , 86.67, 3
> 0.02 <= 0.025 , 0.0225 , 96.67, 3
> 0.025 <= 0.0296834 , 0.0273417 , 100.00, 1
# target 50% 0.00666667
# target 75% 0.0115
# target 90% 0.0216667
# target 99% 0.0282784
# target 99.9% 0.0295429
Sockets used: 11 (for perfect keepalive, would be 3)
Code 200 : 21 (70.0 %)
Code 503 : 9 (30.0 %)
Response Header Sizes : count 30 avg 161.2 +/- 105.5 min 0 max 231 sum 4836
Response Body/Total Sizes : count 30 avg 481.8 +/- 173.4 min 217 max 596 sum
 14454
All done 30 calls (plus 0 warmup) 8.943 ms avg, 265.2 qps
```

通过输出日志可以看出，熔断生效了，只有 70% 的请求通过，其余的都返回了 503 错误（合计允许有一定误差）。可以通过查询 Istio-proxy 的统计信息来进一步查看熔断的情况。

```
$ kubectl exec -it $FORTIO_POD  -c Istio-proxy -- sh -c 'curl localhost:15
000/stats' | grep httpbin | grep pending
cluster.outbound|8000||httpbin.default.svc.cluster.local.upstream_rq_pending
_active: 0
cluster.outbound|8000||httpbin.default.svc.cluster.local.upstream_rq_pending
_failure_eject: 0
cluster.outbound|8000||httpbin.default.svc.cluster.local.upstream_rq_pending
_overflow: 9
cluster.outbound|8000||httpbin.default.svc.cluster.local.upstream_rq_pending
_total: 42
```

upstreamrqpending_overflow 的值是 9，说明有 9 次请求被熔断了。

熔断机制让系统更加稳定并具有弹性，减少了错误对系统性能的影响，快速地拒绝对出错服务的调用，提高了响应时间，也控制了故障范围。在 Istio 中可以通过定义 DestinationRule 方便地实现熔断。

5.7 小结

流量管理是微服务应用在通信层面必需的功能，借助 Istio 可以非常方便地实现各种流量控制。Istio 的流量管理功能主要是依靠 Pilot 组件和 Envoy 代理协作完成的。流量管理的规则配置由 4 个配置资源完成：VirtualService 定义路由规则；DestinationRule 在路由生效后定义对于请求的策略；ServiceEntry 提供了网格内服务可以访问外界服务的能力；而 Gateway 可以让外部服务调用网格内服务。作为 Istio 的开发和运维人员，需要掌握这 4 个配置资源才能更好地完成流量控制的配置工作。

流量转移是微服务部署和更新的常用功能。我们介绍了 3 种常见的部署和发布策略：蓝绿部署、金丝雀发布和 A/B 测试。使用 Istio 可以很轻松地实现这些策略。分布式系统的弹性和应对故障的能力非常重要，决定了系统的稳定性和可用性。超时、重试以及熔断等功能都可以很容易地在 Istio 中实现。

第 6 章会介绍 Istio 中的另一个重要组件：Mixer 及其适配器。

第 6 章

策略与遥测

除了流量管理，常常还需要为服务设置一定的授权策略，比如限制流量的速率、设置黑名单等。另外，遥测（Telemetry）也是一个很重要的功能，可以通过分析收集到的指标（Metric）来监控系统的状态。在 Istio 中，策略设定和遥测都是通过 Mixer 组件完成的。本章就来练习如何通过 Mixer 完成这两个功能。

6.1 Mixer 的工作原理

总的来说，Mixer 具有下面 3 种功能。
- 先决条件检查：可以简单地把它理解为是对服务调用者的权限检查，比如调用者的身份验证是否正确、调用者是否在白名单里和是否达到了调用限制等。
- 配额管理：允许服务在多个维度上分配和释放配额。
- 遥测报告：生成日志记录、监控、追踪数据。

Mixer 是如何做到上面这 3 点的呢？Sidecar 代理在每次发送请求时都会调用 Mixer，此时 Mixer 就可以根据发送方的信息进行检查，确认它是否有权限进行下游服务的调用。在请求过后，Sidecar 仍然会调用 Mixer，并将定义的遥测数据交给 Mixer

收集起来，Mixer 再把收集的数据交给后端接入的系统进行分析、监控。

这些由 Sidecar 发送给 Mixer 的数据被称作属性（Attribute），用来描述请求和与请求相关的环境或系统（如请求路径、目的服务和主机 IP）。下面是几个属性的例子。

```
request.path: xyz/abc
request.size: 234
request.time: 12:34:56.789 04/17/2017
source.ip: 192.168.0.1
destination.service: example
```

图 6-1 展示了 Mixer 将收集的属性交给后端的基础设施进行处理的流程。那么这些后端设施是如何被集成进来的？这就要提到 Mixer 中的一个重要特性：配置模型。配置模型基于以下的两个部分。

- 适配器（Adapter）：后端设施的接口。
- 模板（Template）：定义了属性和适配器输入的映射关系。

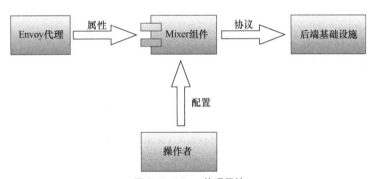

图 6-1　Mixer 处理属性

适配器类似于插件，每个适配器封装了与一个后端设施交互的接口，使得它们可以像插件一样被接入进来。目前的适配器包括内置的和第三方的，也可以编写自定义的适配器。适配器特性让 Mixer 具有极大的扩展性。

配置模型包括了 3 种资源。

- 处理器（Handler）：用于确定正在使用的适配器及其操作方式。
- 实例（Instance）：描述如何将请求属性映射到适配器输入，实例表示一个或多个适配器将操作的各种数据。

- 规则（Rule）：定义了实例和处理器的映射关系，规则包含 match 表达式和 action 标签，match 表达式控制何时调用适配器，而 action 决定了要提供给适配器的一组实例。

处理器定义了和适配器的关联。比如下面定义的是 listchecker 适配器。

```
apiVersion: config.Istio.io/v1alpha2
kind: listchecker
metadata:
  name: staticversion
  namespace: Istio-system
spec:
  providerUrl: http://white_list_registry/
  blacklist: false
```

实例就是一个数据片段的定义，这些数据由属性组成。下面是一个例子，诸如 destination.service 等都是属性。

```
apiVersion: config.Istio.io/v1alpha2
kind: metric
metadata:
  name: requestduration
  namespace: Istio-system
spec:
  value: response.duration | "0ms"
  dimensions:
    destination_service: destination.service | "unknown"
    destination_version: destination.labels["version"] | "unknown"
    response_code: response.code | 200
  monitored_resource_type: '"UNSPECIFIED"'
```

规则定义了哪些实例被交给哪个处理器进行处理。下面是一个规则的例子，把 handler.prometheus 处理器和 requestduration.metric.Istio-system 实例进行了绑定。

```
apiVersion: config.Istio.io/v1alpha2
kind: rule
metadata:
  name: promhttp
  namespace: Istio-system
spec:
  match: destination.service == "service1.ns.svc.cluster.local" && request.headers["x-user"] == "user1"
  actions:
  - handler: handler.prometheus
```

```
instances:
- requestduration.metric.Istio-system
```

通俗地讲，配置模型的 3 种资源是这样工作的：当 Envoy 调用 Mixer 时，规则配置进行检查，确定调用哪个处理器，并将要处理的实例发送给处理器；处理器确定对应的后端适配器以及操作方式，将解析实例中的数据作为适配器的输入；适配器调用后端设施完成整个流程，如图 6-2 所示。

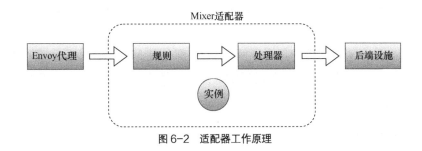

图 6-2　适配器工作原理

下面利用 6.2 节和 6.3 节来练习如何使用 Mixer 适配器设置策略。

6.2　限流策略

什么是限流？顾名思义，就是限制流量。在某些情况下，当服务器资源不足以应对大量的请求时，为保证整个系统能够正常地提供服务，要根据设定的规则对流量进行限制。比如"秒杀"这种场景，假设要在网络上抢购一款新上市的手机，规定每天 10 点开售，数量有限，先到先得。那么在 10 点的时候，一定会有大量的用户在网络上进行抢购，这将发送大量的请求。此时系统原本有限的资源是不够用的，如果不做限制很容易发生过载，从而导致系统死机等情况的发生。这就需要有一个限流机制，只允许有限的请求通过来保证系统的可用性。

Mixer 的几个配额适配器可以实现流量限制功能，比如 Memory Quota 适配器。这个适配器通过定义持续时间和配额上限来完成限流。不过因为它是基于内存的，只能运行在一个 Mixer 中，出现故障或重启配置会丢失，所以不适合在生产环境使用。有需要的话可以使用另一个基于 Redis 的适配器：RedisQuota。

下面来看一看如何使用该适配器完成限流,在设定的时间内只允许一定量的请求通过。

6.2.1 Mixer 配置项

运行以下命令通过 memquota 启用速率限制。

```
$ kubectl apply -f samples/bookinfo/policy/mixer-rule-productpage- ratelimit
.yaml
```

在这个清单文件中包含了两部分,一部分是 Mixer 端配置,一部分是客户端配置。在 6.1 节中说过,一个完整的适配器策略配置需要 3 个对象:处理器、实例和规则,它们的配置如下。

1. 处理器

从配置中看到,默认情况下处理器 memquota 每秒的最大请求数是 500,并定义了如下两种速率限制。

- 如果目标是 reviews 服务,5s 内只能访问 1 次。
- 如果目标是 productpage 服务,5s 内只能访问 2 次。

处理请求时,Istio 会选择第一条符合条件的规则(读取顺序为从上到下)并将其应用到请求上;如果没有,则使用默认设置。

```yaml
apiVersion: "config.Istio.io/v1alpha2"
kind: memquota
metadata:
  name: handler
  namespace: Istio-system
spec:
  quotas:
  - name: requestcount.quota.Istio-system
    maxAmount: 500
    validDuration: 1s
    overrides:
    - dimensions:
        destination: reviews
      maxAmount: 1
      validDuration: 5s
    - dimensions:
```

```
        destination: productpage
    maxAmount: 2
    validDuration: 5s
```

2. 实例

实例 requestcount 定义了 3 种属性，分别是源、目标和目标版本。

```
apiVersion: "config.Istio.io/v1alpha2"
kind: quota
metadata:
  name: requestcount
  namespace: Istio-system
spec:
  dimensions:
    source: request.headers["x-forwarded-for"] | "unknown"
    destination: destination.labels["app"] | destination.service | "unknown"
    destinationVersion: destination.labels["version"] | "unknown"
```

3. 规则

下面是对规则的定义。从清单中可以看到，只有在没有登录的情况下规则才生效，即让处理器对实例进行处理。对应的处理器是前面定义的 memquota，实例是 requestcount。

```
apiVersion: config.Istio.io/v1alpha2
kind: rule
metadata:
  name: quota
  namespace: Istio-system
spec:
  actions:
  - handler: handler.memquota
    instances:
    - requestcount.quota
```

6.2.2 客户端配置项

Mixer 配置完成后，还需要配置客户端，包括以下两部分。
- QuotaSpec 定义请求的配额名称和大小。
- QuotaSpecBinding 将配额和服务进行绑定。

```yaml
apiVersion: config.Istio.io/v1alpha2
kind: QuotaSpec
metadata:
  name: request-count
  namespace: Istio-system
spec:
  rules:
  - quotas:
    - charge: 1
      quota: requestcount
---
apiVersion: config.Istio.io/v1alpha2
kind: QuotaSpecBinding
metadata:
  name: request-count
  namespace: Istio-system
spec:
  quotaSpecs:
  - name: request-count
    namespace: Istio-system
  services:
  - name: productpage
    namespace: default
```

前面的配置将实例（requestcount）的负载值设置为 1，同时把配额绑定到 productpage 服务上。

在浏览器中请求 Bookinfo 应用来进行测试。前面对 productpage 的设置是每 5 s 允许 2 个请求。如果不断地快速刷新页面，就会看到这样的错误信息 "RESOURCE_EXHAUSTED:Quota is exhausted for: requestcount"，这说明限流生效了。

6.2.3 有条件的限流

限流可以不是全局的，在规则中通过匹配项来实现有条件的限流。比如在之前的规则配置中添加一个 match 标签，内容设置为 "match(request.headers ["cookie"], "user=*") == false"，这代表匹配请求头中没有用户信息的流量。换句话说，登录的用户不受限流影响。读者可以在登录后刷新页面进行测试。

```
$ kubectl -n Istio-system edit rules quota
apiVersion: config.Istio.io/v1alpha2
kind: rule
```

```
metadata:
  name: quota
  namespace: Istio-system
spec:
  match: match(request.headers["cookie"], "user=*") == false
  actions:
  - handler: handler.memquota
    instances:
    - requestcount.quota
```

本节演示了 Mixer 根据条件对请求实施速率限制的过程。我们配置了一个实例 requestcount，它代表一套计数器，计数器集合就是各个维度和限流策略的结合。如果某一个限制被触发，Mixer 就会返回 RESOURCE_EXHAUSTED 信息给 Proxy。Proxy 则返回 HTTP 429 给调用方。

任务测试完毕后，可以删除限流设置以免影响后续的练习。

```
$ kubectl delete -f samples/bookinfo/policy/mixer-rule-ratings-ratelimit.yaml
```

6.3 黑名单和白名单策略

黑白名单很常用，通常在路由器的设置中可以看到这两个功能。黑名单指的是在名单列表中的设备无法访问网络，白名单指的是只有名单上的设备才能访问网络。在 Istio 中也能方便地进行黑白名单的设置，以控制服务的访问。本节将使用 Denier 和 List 适配器来实现它们。

6.3.1 初始化路由规则

为方便演示，先恢复默认配置，并初始化一个路由规则，使得以 jason 身份登录的用户访问 reviews v2 版本，并将其他请求分配到 v3 版本。

```
apiVersion: networking.Istio.io/v1alpha3
kind: VirtualService
metadata:
  name: reviews
spec:
  hosts:
```

```
    - reviews
  http:
  - match:
    - headers:
        end-user:
          exact: jason
    route:
    - destination:
        host: reviews
        subset: v2
  - route:
    - destination:
        host: reviews
        subset: v3
```

执行命令让配置生效。

```
$ kubectl apply -f samples/bookinfo/networking/virtual-service-all-v1.yaml
$ kubectl apply -f samples/bookinfo/networking/virtual-service-reviews-jas
on-v2-v3.yaml
```

打开浏览器访问应用以进行测试，发现以 jason 用户登录的请求会显示黑色星标，未登录会显示红色星标，和我们的设置是一致的。

6.3.2 用 Denier 适配器实现黑名单

我们的目标是利用 Denier 适配器来阻断 reviews 服务的 v3 版本对 ratings 服务的访问，使得未登录的用户看不到红色星标。设置如下一条规则。

```
$ kubectl apply -f samples/bookinfo/policy/mixer-rule-deny-label.yaml
```

由下面的内容可知，这个规则中定义了 Mixer 适配器的 3 种配置项：处理器为 denier，它拒绝服务返回，设置为 "Not allowed"；实例为 checknothing，它是一个空数据模板，主要用来测试；规则为 denyreviewsv3，当匹配到 reviews 服务的 v3 版本，并且目标是 ratings 服务时执行。

```
apiVersion: "config.Istio.io/v1alpha2"
kind: denier
metadata:
  name: denyreviewsv3handler
spec:
  status:
```

```
      code: 7
      message: Not allowed
---
apiVersion: "config.Istio.io/v1alpha2"
kind: checknothing
metadata:
  name: denyreviewsv3request
spec:
---
apiVersion: "config.Istio.io/v1alpha2"
kind: rule
metadata:
  name: denyreviewsv3
spec:
  match: destination.labels["app"] == "ratings" && source.labels["app"]=="r
eviews" && source.labels["version"] == "v3"
  actions:
  - handler: denyreviewsv3handler.denier
    instances: [ denyreviewsv3request.checknothing ]
```

执行后刷新页面，发现登录的 jason 用户不受影响，还可以看到黑色星标。但未登录情况下会返回图 6-3 展示的 ratings 服务不可用的信息。这说明用 Denier 模拟的黑名单策略生效了。

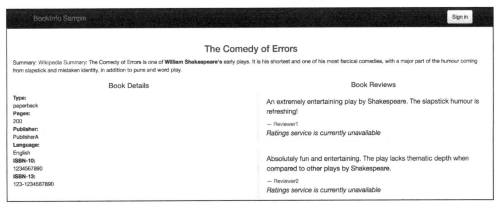

图 6-3　Denier 黑名单

6.3.3　用 List 适配器实现黑白名单

Denier 功能相对简单，如果要实现更灵活的判断，可以使用 List 适配器，它的主要功能是对定义的列表内容进行检查。还是实现和前面同样的功能，但是为不受影响，需要先删除之前的适配器配置。

首先，创建名称为 whitelist 的处理器；overrides 字段中保存的就是列表项，这里设置的是 v1 和 v2；将 blacklist 设置为 false 代表是白名单，true 代表是黑名单。

```
apiVersion: config.Istio.io/v1alpha2
kind: listchecker
metadata:
  name: whitelist
spec:
  overrides: ["v1", "v2"]
  blacklist: false
```

接着，创建一个 listentry 模板。这个模板是配合 List 适配器使用的，用来检查一个字符串是否在列表中。下面的配置用来检查 version 标签是否在上面设置的列表中（v1、v2）。

```
apiVersion: config.Istio.io/v1alpha2
kind: listentry
metadata:
  name: appversion
spec:
  value: source.labels["version"]
```

最后，配置规则，目标服务是 ratings。

```
apiVersion: config.Istio.io/v1alpha2
kind: rule
metadata:
  name: checkversion
spec:
  match: destination.labels["app"] == "ratings"
  actions:
  - handler: whitelist.listchecker
    instances:
    - appversion.listentry
```

把上面的 3 部分合并保存成一个清单文件"whitelist.yaml"，注意中间添加"—"分隔，然后运行如下的命令。

```
$ kubectl apply -f whitelist.yaml
```

打开浏览器进行验证。在没有登录的情况下访问 Bookinfo 应该是看不到星形图标的；如果使用"jason"用户登录，则会看到黑星图标。

反之，如果把 listchecker 适配器的 blacklist 设置成 true 的话，上面的配置就变成了一个黑名单，v1 和 v2 版本的 reviews 服务将被拒绝。未登录用户的 v3 版本可以正常看到红色星标，而登录的 jason 用户使用的 v2 版本在黑名单中，就无法看到黑色的星标了。

6.4　遥测

Mixer 实现了 Prometheus 适配器，使得我们可以方便地完成遥测功能。Prometheus 是一个开源的系统监控和报警工具集，它本质上其实是一个时间序列数据库，其主要的功能就是把基于时间序列的数据以多维的方式展示出来，并提供查询分析、图表展示等功能。本节的任务就是通过 Prometheus 把定义的指标和日志记录下来。Istio 的 Mixer 控件已经集成了 Prometheus 的插件。

6.4.1　收集新的指标数据

用来实现遥测的配置主要包括两部分：指标配置和日志配置。它们都包含了 Mixer 适配器需要的 3 种配置：实例、处理器和规则，这 3 种配置共同描述了 Mixer 控件收集指标和日志数据的工作流程——先生成实例（指标和日志），创建处理实例的处理器（Prometheus 和 Stdio），然后根据规则把实例传递给处理器进行处理。

以文件名 new_telemetry.yaml 来保存这个清单文件。

```
# 指标 instance 的配置
apiVersion: "config.Istio.io/v1alpha2"
kind: metric
metadata:
  name: doublerequestcount
  namespace: Istio-system
spec:
  value: "2" # 每个请求计数两次
  dimensions:
    source: source.service | "unknown"
```

```yaml
      destination: destination.service | "unknown"
      message: '"twice the fun!"'
   monitored_resource_type: '"UNSPECIFIED"'
---
# prometheus handler 的配置
apiVersion: "config.Istio.io/v1alpha2"
kind: prometheus
metadata:
  name: doublehandler
  namespace: Istio-system
spec:
  metrics:
  - name: double_request_count # Prometheus 指标名称
    instance_name: doublerequestcount.metric.Istio-system # Mixer Instance 的
                                                          # 名称（全限定名称）
    kind: COUNTER
    label_names:
    - source
    - destination
    - message
---
# 将指标 Instance 发送给 prometheus handler 的 rule 对象
apiVersion: "config.Istio.io/v1alpha2"
kind: rule
metadata:
  name: doubleprom
  namespace: Istio-system
spec:
  actions:
  - handler: doublehandler.prometheus
    instances:
    - doublerequestcount.metric
---
# logentry（日志条目）的 instance 配置
apiVersion: "config.Istio.io/v1alpha2"
kind: logentry
metadata:
  name: newlog
  namespace: Istio-system
spec:
  severity: '"warning"'
  timestamp: request.time
  variables:
    source: source.labels["app"] | source.service | "unknown"
    user: source.user | "unknown"
```

```
      destination: destination.labels["app"] | destination.service | "unknown"
      responseCode: response.code | 0
      responseSize: response.size | 0
      latency: response.duration | "0ms"
    monitored_resource_type: '"UNSPECIFIED"'
---
# stdio(标准输入输出)handler 的配置
apiVersion: "config.Istio.io/v1alpha2"
kind: stdio
metadata:
  name: newhandler
  namespace: Istio-system
spec:
 severity_levels:
    warning: 1 # Params.Level.WARNING
 outputAsJson: true
---
# 将 logentry instance 发送到 stdio 的 rule 对象配置
apiVersion: "config.Istio.io/v1alpha2"
kind: rule
metadata:
  name: newlogstdio
  namespace: Istio-system
spec:
  match: "true" # 匹配所有请求
  actions:
   - handler: newhandler.stdio
     instances:
      - newlog.logentry
---
```

6.4.2 指标配置解析

先来分析清单的前半部分——指标配置。

首先定义了名为 doublerequestcount 的实例。每个请求都会生成实例，value 的值为 2 代表对每个实例计数两次。dimensions 定义了指标的维度，这样就可以对指标进行多维分析，这里配置了源服务、目标服务和消息 3 个维度。

接着定义了名为 doublehandler 的处理器，它对应着 Prometheus 适配器。metrics 用来定义指标，本例中只定义了一个名为 doublerequestcount 的指标（稍后我们会用它进行查询），它对应的就是上面定义的实例 doublerequestcount，类型是计数器，并带有 3 个和维度一致的标签，用来进行多维分析。

最后定义了名为 doubleprom 的规则，它对实例和处理器进行关联，让 Mixer 把所有 doublerequestcount.metric 的实例发送给 doublehandler.prometheus 处理器进行处理。

6.4.3 日志配置解析

接下来分析后半部分——日志配置。

首先定义了名为 newlog 的实例，告知 Mixer 如何根据请求中的属性生成日志。severity 定义了日志级别，这里是 warning。timestamp 定义了日志的时间信息，本例中是从 request.time 属性中得到的。variables 参数提供了一些日志中可以配置的数据，如源服务、目标服务、用户和响应状态码等。

处理器使用标准输入输出 Stdio。severity_levels 参数定义了日志级别。outputAsJson 参数要求适配器生成 JSON 格式的日志。

规则部分和指标配置类似，定义了命名为 newlogstdio 的规则。让 Mixer 把日志都发送给 Stdio 处理器。match:"true" 表示对所有请求都会生效，不需要过滤。

6.4.4 用 Prometheus 查看指标

分析完配置清单，可以执行命令，让配置生效。

```
$ istioctl create -f new_telemetry.yaml
Created config metric/Istio-system/doublerequestcount at revision 1973035
Created config prometheus/Istio-system/doublehandler at revision 1973036
Created config rule/Istio-system/doubleprom at revision 1973037
Created config logentry/Istio-system/newlog at revision 1973038
Created config stdio/Istio-system/newhandler at revision 1973039
Created config rule/Istio-system/newlogstdio at revision 1973041
```

在浏览器中访问 Bookinfo 页面，刷新几次来产生数据。

使用下面的命令为 Prometheus 设置端口转发，以便在浏览器中访问它。

```
$ kubectl -n Istio-system port-forward $(kubectl -n Istio-system get pod -l
 app=prometheus -o jsonpath='{.items[0].metadata.name}') 9090:9090
```

在浏览器输入 http://localhost:9090 以打开 Prometheus，可以看到如图 6-4 所示的页面。在页面上方的查询框中输入 Istio_double_request_count，单击 Execute 查询，可以看到在 Console 标签下已经有数据产生，数据内容包括了我们定义的 3 个维度：源服务、目标服务和消息。

图 6-4　在 Prometheus 里查询指标

对于日志，可以输入下面的命令进行查询。和期望的一样，日志是以 JSON 格式输出的，除了级别和时间戳外，在 newlog 实例中定义的变量都正常输出了。

```
$ kubectl -n Istio-system logs -l Istio-mixer-type=telemetry -c mixer | grep
  newlog.logentry.Istio-system
{"level":"warn","time":"2019-01-14T14:19:15.791175Z","instance":"newlog.log
entry.Istio-system","destination":"policy","latency":"4.3294ms","responseCo
de":200,"responseSize":69,"source":"Istio-ingressgateway","user":"unknown"}
```

6.5　小结

本章内容主要围绕 Mixer 组件介绍了其工作原理，以及如何利用 Mixer 适配器实现限流、黑/白名单和遥测功能。Sidecar 代理在每次请求前后都会调用 Mixer，这就使得它具备了预检和数据收集的能力，从而实现了策略和遥测两大功能。

适配器是 Mixer 的一大亮点，通过适配器这种插件模式，Mixer 可以接入各种后端基础设施，从而具有极大的灵活性和可扩展性。到目前为止，Mixer 内置了大约 20 个适配器，读者也可以实现自定义的适配器。

适配器主要依靠 3 个配置项协作完成任务。实例定义了属性和适配器输入的映射关系，本质上就是数据；处理器定义了以何种方式使用哪个适配器；规则把实例传递给处理器进行处理。

Mixer 是一个强大的组件，但同时它的使用方法并不便捷，需要较复杂的配置协作才能完成任务。希望在未来的版本中可以得到改进。

第 7 章

可视化工具

对一个微服务应用来说，能够全面地"观测"它是十分重要的，这包括了如何追踪请求的流向、如何监控系统的各项指标以及如何了解服务之间的关系等方面。使用可视化的工具进行观测是高效的手段之一。Istio 提供了安装选项、适配器等方式，可以方便地集成常用的可视化工具。本章就来介绍如何通过这些可视化工具来观测微服务应用。

7.1 分布式追踪

分布式追踪（Distributed Tracing）主要用于记录整个请求链的信息。在微服务应用中，一个完整的业务往往需要调用多个服务才能完成，服务之间就产生了交互。当出现故障时，如何找到问题的根源非常重要。追踪系统可以清晰地展示出请求的整个调用链以及每一步的耗时，方便查找问题所在。

其实追踪技术在 20 世纪 90 年代就已经出现了，它的核心步骤一般包括 3 个：代码埋点、数据存储、查询和展示。在分布式环境下，数据采集需要侵入用户代码，而不同系统的 API 并不兼容，当切换追踪系统时往往改动较大。为了解决此问题，OpenTracing 诞生了。它本质上是一个轻量级的标准化层，位于程序和日志系统之间，通过平台以及与厂商无关的 API，开发人员可以方便地实现追踪系统。有关 OpenTracing 的具体内容，感兴趣的读者可以查阅官方的文档。本节将介绍如何使用 Jaeger 在 Istio 中实现追踪。

7.1.1 启动 Jaeger

Jaeger 是一个开源的分布式追踪系统，它可以在复杂的分布式系统中进行监控和故障排查。Jaeger 的主要功能包括分布式请求监控、性能调优、故障分析和服务依赖分析等。

Jaeger 主要由以下 5 个部分组成。

- Jaeger Client：为不同语言实现了符合 OpenTracing 标准的 SDK。应用程序通过 API 写入数据，客户端库把 Trace 信息按照应用程序指定的采样策略传递给 Jaeger Agent。
- Agent：它是一个网络守护进程，负责监听 UDP 端口上接收的 Span 数据，它会将数据批量发送给 Collector。它被设计成一个基础组件，并部署到所有的宿主机上。Agent 将 Client Library 和 Collector 解耦，为 Client Library 屏蔽了路由和发现 Collector 的细节。
- Collector：接收 Agent 发送的数据，然后将数据写入后端存储。Collector 被设计成无状态的组件，因此可以同时运行任意数量的 Collector。
- Data Store：后端存储被设计成一个可插拔的组件，支持将数据写入 Cassandra 和 Elasticsearch。
- Query：接收查询请求，然后从后端存储系统中检索 Trace 并通过 UI 进行展示。Query 是无状态的，可以启动多个实例，把它们部署在 Nginx 这样的负载均衡器中以提高性能。

开始练习之前，请确认在用 Helm 安装 Istio 时使用了--set tracing.enabled=true 选项。如果没有在 Istio-system 命名空间中找到 Jaeger 的 Pod，则可以使用下面的命令进行安装。

```
$ kubectl create -n Istio-system -f https://raw.githubusercontent.com/jaegertracing/jaeger-Kubernetes/master/all-in-one/jaeger-all-in-one-template.yml
```

确保部署了 Jaeger 服务之后，用下面的命令转发端口来启用对 Jaeger 的访问。

```
$ kubectl port-forward -n Istio-system $(kubectl get pod -n Istio-system -l
  app=jaeger -o jsonpath='{.items[0].metadata.name}') 16686:16686
```

注意，app 标签在分布式追踪的过程中会被用来加入上下文信息，Istio 还会用 app 和 version 标签来给遥测指标数据加入上下文信息。因此，如果读者的 Jaeger Pod 没有这两个标签，将无法启动。还要注意是否注入了 Sidecar，否则将无法捕获服务请求。

打开浏览器访问 http://localhost:16686，查看 Jaeger 的仪表板页面，如图 7-1 所示。

图 7-1　Jaeger 仪表板

7.1.2　生成追踪数据

访问 Bookinfo 应用数次，就会生成一些追踪数据。在 Jaeger 左侧版面的 Service 下拉列表中选择 productpage，单击 Find Traces 按钮，会看到如图 7-2 所示的内容。

单击右侧的 URL 进入详细页，可以看到具体的服务调用情况，并且能够了解每个服务的耗时，如图 7-3 所示。

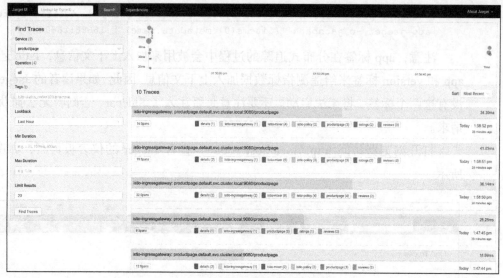

图 7-2　用 Jaeger 查询服务请求

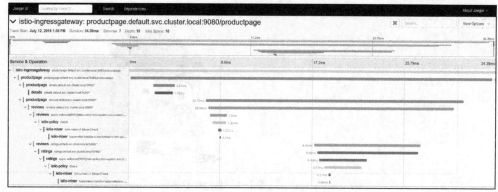

图 7-3　跟踪信息

7.1.3　追踪原理

在 OpenTracing 的数据模型中，一个调用链（Trace）是通过 Span 来定义的，可以理解为一个调用过程就是由若干个 Span 组成的有向无环图。Span 中包含了一些必要的追踪信息，比如操作名称、起始结束时间等。Istio 代理能够自动发送 Span 信息，但还是需要应用程序自己传播并追踪要使用的 HTTP 请求头，这样在代理发送 Span 信息的时候，才能正确地把同一个跟踪过程统一起来。

为了完成跟踪的传播过程，应用需要从请求源头中收集请求头信息，并传播给外发请求：在对下游服务进行调用的时候，应该在请求中包含获取的请求头信息，使这些头信息在调用链的各个服务中传递下去。

Istio 默认会捕获所有请求的追踪信息。在高并发、大流量的应用场景下，为提高性能，我们不需要追踪全部的请求，只需要取得一定的采样数据就够了。可以在 Pilot 组件的环境变量 PILOTTRACESAMPLING 中修改采样率以达到这样的目的。

7.2 使用 Prometheus 查询指标

7.2.1 Prometheus 简介

在第 6 章中已经介绍了 Prometheus，它是一套开源的监控和报警工具集，其核心是一个时间序列数据库。Prometheus 将所有信息都存储为时间序列数据，实时分析系统运行的状态、执行时间和调用次数等，以找到系统的热点，为性能优化提供依据。

Prometheus 具有如下特性。

- 多维数据：Prometheus 实现了一个高度的多维数据模型。时间序列数据由指标名称或者一个键值对集合定义。
- 强大的查询语言 PromQL：这种灵活的查询语言允许对收集的指标数据进行分片和切块，以输出特定的图表和警报。
- 可视化：提供了多种可视化方案、内部的 UI 工具以及终端模板语言，可与 Grafana 整合。
- 高效的存储：可以把时间序列数据以自定义的格式存储在内存和磁盘上，支持分片和联合。
- 维护简单：每个服务器都是独立的，只依赖于内地存储。使用 Go 语言编写，生成的 bin 文件很容易部署。
- 准确报警：报警依赖于灵活的 PromQL 和多维数据，管理器负责处理通知。
- 多种客户端以及和第三方系统的整合。

图 7-4 所示是 Prometheus 的架构和组件示意图。Prometheus 服务器（Prometheus

Server）定期从配置好的作业或者导出器中拉取指标，或者接收推送网关发送过来的指标。服务器在本地存储收集到的指标数据，并运行定义好的规则，记录新的时间序列或者向报警管理器推送警报。报警管理器根据配置文件，对接收到的警报进行处理，发出告警。通过 PromQL 可以查询数据，它提供了可视化和导出数据的功能，展示在 UI 工具上或者提供客户端 API 调用。

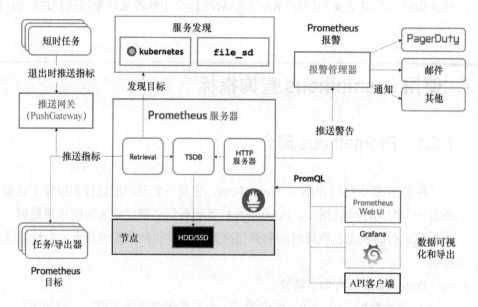

图 7-4　Prometheus 架构和组件

Prometheus 是 Istio 中遥测功能的重要实现部分，默认情况下 Istio 会安装 Prometheus，可以通过下面的命令验证。

```
$ kubectl -n Istio-system get svc prometheus
NAME         TYPE        CLUSTER-IP       EXTERNAL-IP   PORT(S)    AGE
prometheus   ClusterIP   10.105.131.248   <none>        9090/TCP   63d
```

如果看到类似于上面的输出，说明 Prometheus 是正常启动的。可以多次访问 Bookinfo 应用来生成一些指标数据。

7.2.2　查询 Istio 指标

和之前一样，我们通过 port-forward 转发端口的方式启动 Prometheus 的 UI 界面。

```
$ kubectl -n Istio-system port-forward $(kubectl -n Istio-system get pod -l
 app=prometheus -o jsonpath='{.items[0].metadata.name}') 9090:9090 &
```

在浏览器中访问 http://localhost:9090/，打开图 7-5 所示的 UI 界面。

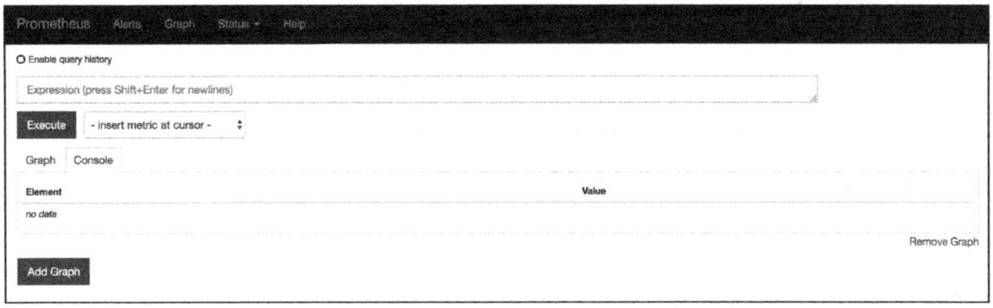

图 7-5 Prometheus UI

页面顶部的 Expression 输入框是查询指标的位置，这里输入"apiserver_reqnest_count"来查询请求数量，单击 Execute 按钮进行查询。Console 标签会显示具体的数据列表，如图 7-6 所示。Graph 标签会提供一个图表显示。

图 7-6 查询指标

除了指标名称，还可以用表达式进行具体的查询。

```
# 对 productpage 服务的所有请求的总数
Istio_request_count{destination_service="productpage.default.svc.cluster.lo
cal"}
# 对 reviews 服务的 v3 版本的所有请求的总数
Istio_request_count{destination_service="reviews.default.svc.cluster.local",
 destination_version="v3"}
# 过去 5min 内对所有 productpage 服务的请求率
rate(Istio_request_count{destination_service=~"productpage.*", response_code=
"200"}[5m])
```

Mixer 内置 Prometheus 的适配器，并配置了服务器，它可以从 Mixer 抓取数据，并为指标提供存储和查询服务。Prometheus 是 Istio 实现遥测能力的重要模块，它主要负责数据的收集和存储，并作为 Grafana 的输入端与其整合在一起，完成指标数据可视化的任务。

7.3 用 Grafana 监控指标数据

7.3.1 Grafana 简介

Grafana 是一个开源的监控和指标分析的可视化工具，它提供了一个非常强大的仪表板界面，来展示需要监控的指标数据。近几年 Grafana 越来越受到开发社区的追捧，几乎成为监控工具的标准配置。Grafana 允许查询、显示指标以及报警，并自定义仪表板图表。它具有如下的一些特性。

- 丰富的可视化：Grafana 提供了几乎过剩的图表表示方式来描述数据，比如直方图、折线图等。
- 报警：可以方便地定义一个可视化的报警临界值，并无缝地和 Slack、PageDuty 等工具整合以发送通知。
- 数据整合：Grafana 支持超过 30 种的数据库，用户可以不关心数据的来源，Grafana 会把它们统一地展示到仪表板上。
- 扩展性：提供了上百种仪表板和插件，数据的展示方式极其丰富。
- 开源和多平台支持。

7.2.2 节介绍了如何通过 Prometheus 收集指标数据，而 Grafana 作为开源的时间序列分析工具的领导者，和 Prometheus 完美协作。接下来将介绍如何利用 Grafana 来监视网格流量。

7.3.2 安装 Grafana

Istio 的安装包已经把 Grafana 添加到附加组件中了，可以通过 Helm 的 upgrade 命令更新安装配置项。

```
$ helm upgrade --recreate-pods --namespace Istio-system --set grafana.enabled=
true Istio install/Kubernetes/helm/Istio
```

验证 Grafana 服务是否在集群中运行。注意，因为要使用 Prometheus 作为指标收集数据库，所以也要保证它的运行。

```
$ kubectl -n Istio-system get svc grafana
NAME       CLUSTER-IP      EXTERNAL-IP   PORT(S)    AGE
grafana    10.59.247.103   <none>        3000/TCP   2m
```

如果看到类似于上面的输出，说明 Grafana 服务已经启动了。接下来，使用端口转发来打开 Grafana 的仪表板界面。

```
$ kubectl -n Istio-system port-forward $(kubectl -n Istio-system get pod -l
 app=grafana -o jsonpath='{.items[0].metadata.name}') 3000:3000 &
```

在 Web 浏览器中访问 http://localhost:3000，可以看到如图 7-7 所示的界面。

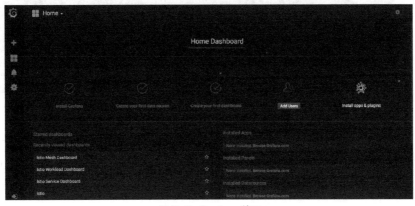

图 7-7　Grafana 首页

7.3.3　指标数据展示

可以从首页中发现，内置的 Grafana 已经和 Istio 进行了深度整合，并集成了若干个仪表板，可以查看网格、工作负载和服务等指标信息。Istio 仪表板主要由 3 部分组成。

- 网格全局示图：全局展示了流经网格的流量信息。
- 服务示图：展示了与每个服务的请求和响应相关的指标数据。
- 负载示图：展示了服务的负载情况。

除了上面 3 种和应用相关的仪表板外，还提供了展示 Istio 自身资源使用情况的仪表板，可以用来查看 Istio 的运行状况。

接下来通过浏览器访问 Bookinfo 页面来产生一些流量数据，查看仪表板上会有什么变化。

图 7-8 的 Istio Mesh Dashboard 展示了 Istio 网格总览信息。从界面中可以看到流量、成功率和错误返回数等。因为 Grafana 是基于时间序列分析的，所以数据会实时刷新，可以在右上角设置刷新频率。

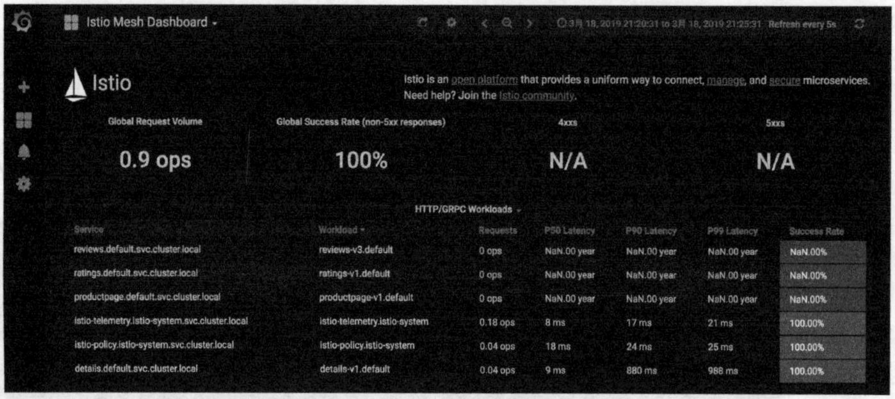

图 7-8　网格仪表板

图 7-9 展示了服务的负载情况。因为 Bookinfo 是安装在 Kubernetes 的 default 命名空间中的，所以在 Namespace 下拉框中选择 default，在 Workload 下拉框选择想要查看的服务，这里是 detail 服务的 v1 版本，然后就可以看到具体的流量数和成功率等信息。

图 7-9　服务负载

图 7-10 中的服务仪表板展示了与服务相关的信息。

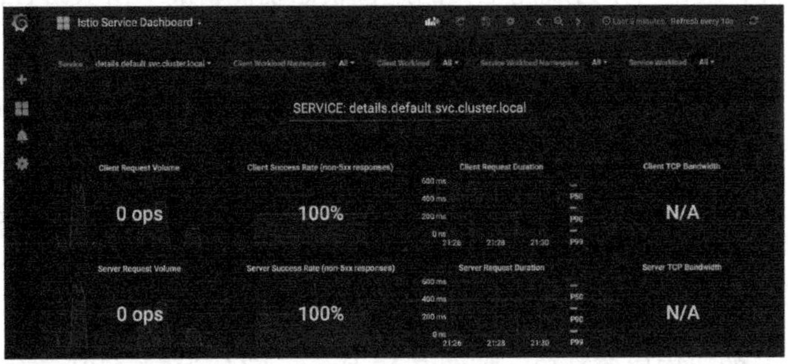

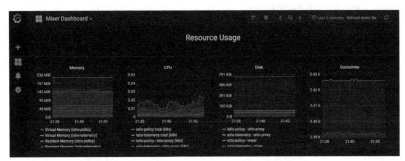

图 7-10 服务仪表板

除了与 Bookinfo 应用相关的指标外，还可以查看 Istio 对系统资源的使用情况，比如内存、CPU、磁盘等信息，如图 7-11 所示。

图 7-11 Mixer 仪表板

Grafana 作为一个指标分析和可视化套件，与 Istio 整合后提供了多种与网格指标相关的仪表板，用户可以从多个维度来监控系统。除默认的仪表板外，还可以根据需要自定义仪表板，感兴趣的读者可以自己尝试一下。

7.4 服务网格可视化工具——Kiali

7.4.1 Kiali 简介

Kiali 是 Istio 服务网格的可视化工具，它主要的功能是用可视化的界面来观察微服务系统以及服务之间的关系。Kiali 的名字来源于希腊语里的一个词汇，意思是单筒望远镜，这和它作为观测工具的定位很贴切。它最早由 Red Hat 公司开源，现在已经获得了 Istio 的官方支持。Kiali 提供了如下的一些功能。

- 服务拓扑图：这是 Kiali 最主要的功能，提供了一个总的服务视图，可以实时地显示命名空间下服务之间的调用和层级关系，以及负载情况。
- 服务列表视图：展示了系统中所有的服务，以及它们的健康状况和出错率。
- 工作负载视图：展示服务的负载情况。
- Istio 配置视图：展示了所有的 Istio 配置对象。

Kiali 的架构比较简单，如图 7-12 所示，它分为前端和后端两部分。后端以容器的方式运行在应用平台，负责获取和处理数据，并发送给前端；前端是一个典型的 Web 应用，由 React 和 TypeScript 实现，负责展示后端发送过来的数据。对 Kiali 来说 Istio 是必须存在的系统，它类似于 Kiali 的宿主。虽然它们可以分开部署，但没有了 Istio，Kiali 是不能工作的。

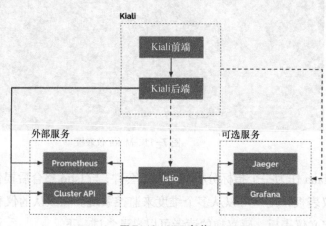

图 7-12　Kiali 架构

接下来安装 Kiali，然后使用它的 Web 界面来查看网格内的服务拓扑图。

7.4.2　安装和启动 Kiali

在安装前，需要先在 Kubernetes 系统中添加一个 Secret 对象来作为 Kiali 的认证凭证。这里简单地使用 admin 和 mysecret 的 Base64 编码作为用户名和密码，然后在 Istio 命名空间里创建这个对象。

```
$ USERNAME=$(echo -n 'admin' | base64)
$ PASSPHRASE=$(echo -n 'mysecret' | base64)
$ cat <<EOF | kubectl apply -f -
apiVersion: v1
kind: Secret
metadata:
  name: kiali
  namespace: Istio-system
  labels:
    app: kiali
type: Opaque
data:
  username: $USERNAME
  passphrase: $PASSPHRASE
EOF
secret/kiali created
```

进入 Istio 的安装包目录，使用 helm template 进行安装，并添加 --set kiali.enabled=true 选项。

```
$ helm template --set kiali.enabled=true install/Kubernetes/helm/Istio --name
 Istio --namespace Istio-system > Istio.yaml
$ kubectl apply -f Istio.yaml
```

验证一下 Kiali 的服务是否已经启动。

```
$ kubectl -n Istio-system get svc kiali
NAME     TYPE        CLUSTER-IP     EXTERNAL-IP   PORT(S)     AGE
kiali    ClusterIP   10.110.17.59   <none>        20001/TCP   2m
```

7.4.3 使用 Kiali 观测服务网格

Kiali 启动后，在浏览器中多次访问 Bookinfo 应用，生成一些测试数据。接着，使用端口转发启动 Kiali 的页面 UI。

```
$ kubectl -n Istio-system port-forward $(kubectl -n Istio-system get pod -l
 app=kiali -o jsonpath='{.items[0].metadata.name}') 20001:20001
```

用浏览器打开 localhost:20001 以访问 Kiali 界面。首先会弹出登录页面，输入刚才设置的用户名和密码，登录后会显示如图 7-13 所示的 Overview 页面，这里可以浏览服务网格的概况。Overview 页面中会显示网格里所有命名空间中的服务。

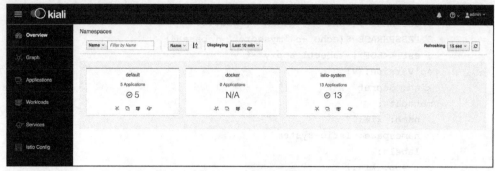

图 7-13　Overview 页面

把页面切换到 Graph 标签，选择 Namespace 为 default，就可以看到一个根据刚才的请求所绘制的服务拓扑图。Display 用来选择显示项。从 Graph Type 下拉框可以选择不同的图形类别。其中，app 会忽略服务版本，只用一个节点来表示一个服务，并显示服务之间的调用关系；Versioned app 会把各个服务的版本作为节点展示出来，同一个服务会加上边框作为区别；Service 模式和 app 类似，可以展示服务节点，它们的区别是这种模式下只显示服务节点，没有和服务交互的节点；Workload 会将网格中的工作负载作为节点展示出来，如图 7-14 所示为 Kiali 服务拓扑图。

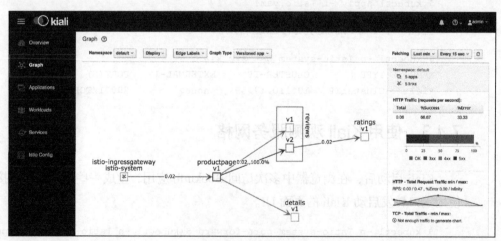

图 7-14　Kiali 服务拓扑

单击左侧的 Applications 标签，可以查看如图 7-15 所示的命名空间下的服务列表信息。

7.4 服务网格可视化工具——Kiali 131

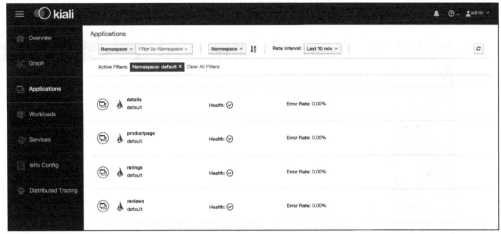

图 7-15　服务列表

Services 标签下会显示各个服务的信息，如图 7-16 所示。

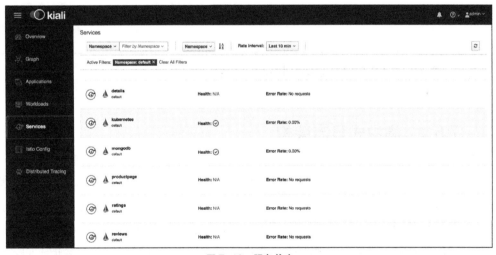

图 7-16　服务信息

图 7-17 展示了 Istio Config 页面，这里可以看到各种配置项，比如 VirtualService、Gateway 等，单击可以查看具体的 YAML 清单。Kiali 还提供了对配置项正确性进行校验的功能，如果配置有问题，Kiali 会用红色的叉来提示。

从上面的示例中可以看到，Kiali 是一个非常强大的可视化工具，可以让用户清晰和直观地了解到 Istio 服务网格中的服务以及服务之间的关系。除了服务拓扑图外，它还提供了健康检查、指标数据显示和配置验证等功能。强烈推荐把 Kiali 作为必选项添加到服务网格中，来帮助监控和观测网格中服务的工作情况。

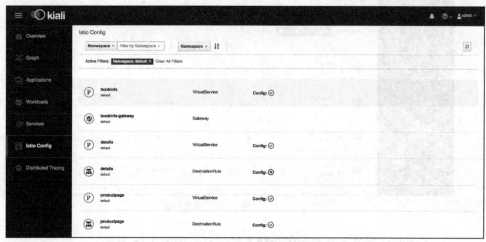

图 7-17　Istio Config 页面

7.5　使用 EFK 收集和查看日志

7.5.1　集中式日志架构

日志对于任何一个软件系统来说都是至关重要的，通过日志可以让我们更好地了解系统的运行状况，以便追踪问题。分布式环境下会产生大量的日志数据，并且分散在不同的机器上，不易于管理。当需要查看一些重要的日志时，需要登录到不同的机器进行检索，效率很低。集中式日志架构由此产生了，它会把不同来源的数据集中整合到一起，方便用户查询。

一个完整的集中式日志系统通常包括收集、传输、存储、分析和报警这几个特性。

- 收集：采集多种来源的日志数据。
- 传输：把日志数据传输给存储系统。
- 存储：存储日志数据，包括以何种方式存储多久、是否可以扩容等。
- 分析：可视化的查询分析和导出。
- 报警：出现错误日志时可以通知运维人员。

比较耳熟能详的集中式日志系统应该是 ELK 了，它是 ElasticSearch、Logstash 和 Kibana 的合称。其中 Logstash 负责处理日志数据，并发送到 ElasticSearch 进行存储。ElasticSearch 是基于 Apache Luence 的一个数据搜索引擎，提供全文检索和分析。Kibana 作为可视化平台，根据 ElasticSearch 查询的结果生成不同维度的图表并展示给用户。图 7-18 显示了 ELK 的技术栈结构。

图 7-18　ELK 技术栈

Fluentd 是一个和 Logstash 类似的日志收集工具，作为 Kubernetes 官方使用的日志系统，Fluentd 的性能和可靠性更好。在基于 Kubernetes 的云原生应用中，Fluentd 也成为替代 Logstash 的首选系统。由此组合而成的 EFK 集中化日志系统也越来越流行。接下来将介绍如何使用 Fluentd 来收集日志，并在 Kibana 中进行日志的查询和分析。

7.5.2　安装 EFK

为了便于区分，我们新建一个名叫 logging 的命名空间来部署 Elasticsearch、Fluentd 和 Kibana，而不是 Bookinfo 应用的默认命名空间。EFK 并不是应用本身，而是服务于应用的日志系统，将其部署在不同的空间更加合理。下面的清单文件是这 3 个工具的 Deployment 和 Service 的定义。

```
# Logging 命名空间。下面的资源都是这个命名空间的一部分
apiVersion: v1
kind: Namespace
metadata:
  name: logging
---
# Elasticsearch Service
apiVersion: v1
kind: Service
metadata:
  name: elasticsearch
  namespace: logging
  labels:
```

```yaml
      app: elasticsearch
  spec:
    ports:
    - port: 9200
      protocol: TCP
      targetPort: db
    selector:
      app: elasticsearch
---
# Elasticsearch Deployment
apiVersion: extensions/v1beta1
kind: Deployment
metadata:
  name: elasticsearch
  namespace: logging
  labels:
    app: elasticsearch
  annotations:
    sidecar.Istio.io/inject: "false"
spec:
  template:
    metadata:
      labels:
        app: elasticsearch
    spec:
      containers:
      - image: docker.elastic.co/elasticsearch/elasticsearch-oss:6.1.1
        name: elasticsearch
        resources:
          limits:
            cpu: 1000m
          requests:
            cpu: 100m
        env:
        - name: discovery.type
          value: single-node
        ports:
        - containerPort: 9200
          name: db
          protocol: TCP
        - containerPort: 9300
          name: transport
          protocol: TCP
        volumeMounts:
        - name: elasticsearch
```

```yaml
          mountPath: /data
      volumes:
      - name: elasticsearch
        emptyDir: {}
---
# Fluentd Service
apiVersion: v1
kind: Service
metadata:
  name: fluentd-es
  namespace: logging
  labels:
    app: fluentd-es
spec:
  ports:
  - name: fluentd-tcp
    port: 24224
    protocol: TCP
    targetPort: 24224
  - name: fluentd-udp
    port: 24224
    protocol: UDP
    targetPort: 24224
  selector:
    app: fluentd-es
---
# Fluentd Deployment
apiVersion: extensions/v1beta1
kind: Deployment
metadata:
  name: fluentd-es
  namespace: logging
  labels:
    app: fluentd-es
  annotations:
    sidecar.Istio.io/inject: "false"
spec:
  template:
    metadata:
      labels:
        app: fluentd-es
    spec:
      containers:
      - name: fluentd-es
        image: gcr.io/google-containers/fluentd-elasticsearch:v2.0.1
```

```yaml
      env:
        - name: FLUENTD_ARGS
          value: --no-supervisor -q
      resources:
        limits:
          memory: 500Mi
        requests:
          cpu: 100m
          memory: 200Mi
      volumeMounts:
        - name: config-volume
          mountPath: /etc/fluent/config.d
      terminationGracePeriodSeconds: 30
      volumes:
        - name: config-volume
          configMap:
            name: fluentd-es-config
---
# Fluentd ConfigMap, 包含了配置文件
kind: ConfigMap
apiVersion: v1
data:
  forward.input.conf: |-
    # Takes the messages sent over TCP
    <source>
      type forward
    </source>
  output.conf: |-
    <match **>
       type elasticsearch
       log_level info
       include_tag_key true
       host elasticsearch
       port 9200
       logstash_format true
       # Set the chunk limits.
       buffer_chunk_limit 2M
       buffer_queue_limit 8
       flush_interval 5s
       # Never wait longer than 5 minutes between retries.
       max_retry_wait 30
       # Disable the limit on the number of retries (retry forever).
       disable_retry_limit
       # Use multiple threads for processing.
       num_threads 2
```

```
      </match>
metadata:
  name: fluentd-es-config
  namespace: logging
---
# Kibana Service
apiVersion: v1
kind: Service
metadata:
  name: kibana
  namespace: logging
  labels:
    app: kibana
spec:
  ports:
  - port: 5601
    protocol: TCP
    targetPort: ui
  selector:
    app: kibana
---
# Kibana Deployment
apiVersion: extensions/v1beta1
kind: Deployment
metadata:
  name: kibana
  namespace: logging
  labels:
    app: kibana
  annotations:
    sidecar.Istio.io/inject: "false"
spec:
  template:
    metadata:
      labels:
        app: kibana
    spec:
      containers:
      - name: kibana
        image: docker.elastic.co/kibana/kibana-oss:6.1.1
        resources:
          # need more cpu upon initialization, therefore burstable class
          limits:
            cpu: 1000m
          requests:
```

```
              cpu: 100m
          env:
            - name: ELASTICSEARCH_URL
              value: http://elasticsearch:9200
          ports:
          - containerPort: 5601
            name: ui
            protocol: TCP
---
```

在清单中我们为 Fluentd 添加了一个 ConfigMap 对象，熟悉 Kubernetes 的读者应该都知道，ConfigMap 是用来存储配置文件的。在 data 标签下添加了 Fluentd 运行时需要读取的配置项。把上面的清单文件保存为 logging-stack.yaml，并创建这些资源。

```
$ kubectl apply -f logging-stack.yaml
namespace "logging" created
service "elasticsearch" created
deployment "elasticsearch" created
service "fluentd-es" created
deployment "fluentd-es" created
configmap "fluentd-es-config" created
service "kibana" created
deployment "kibana" created
```

Fluentd 作为守护进程运行后，如何使它收集到 Istio 网格内产生的日志呢？这就又需要 Mixer 出场了。遥测是 Mixer 的主要功能之一，它可以把来自网格的指标和日志数据通过适配器发送给后端基础设施。在本节的例子中，Fluentd 就是 Mixer 的后端，需要利用适配器来完成日志收集工作。

第 6 章介绍过适配器的配置模型，一个完整的适配器需要配置实例、处理器和规则。下面的清单就是为 Fluentd 配置这些资源。

```
# logentry 实例的配置
apiVersion: "config.Istio.io/v1alpha2"
kind: logentry
metadata:
  name: newlog
  namespace: Istio-system
spec:
  severity: '"info"'
  timestamp: request.time
  variables:
    source: source.labels["app"] | source.workload.name | "unknown"
    user: source.user | "unknown"
```

```yaml
    destination: destination.labels["app"] | destination.workload.name | "u
nknown"
    responseCode: response.code | 0
    responseSize: response.size | 0
    latency: response.duration | "0ms"
    monitored_resource_type: '"UNSPECIFIED"'
---
# fluentd handler 的配置
apiVersion: "config.Istio.io/v1alpha2"
kind: fluentd
metadata:
  name: handler
  namespace: Istio-system
spec:
  address: "fluentd-es.logging:24224"
---
# 发送 logentry 实例到 fluentd handler 的规则
apiVersion: "config.Istio.io/v1alpha2"
kind: rule
metadata:
  name: newlogtofluentd
  namespace: Istio-system
spec:
  match: "true" # match for all requests
  actions:
   - handler: handler.fluentd
     instances:
     - newlog.logentry
---
```

使用 logentry 模板作为实例, 并设置了 user、destination 和 responseCode 等属性, 这意味着产生的日志中应该包括这些属性。保存清单文件为 fluentd-Istio.yaml 并执行。

```
$ kubectl apply -f fluentd-Istio.yaml
Created config logentry/Istio-system/newlog at revision 22374
Created config fluentd/Istio-system/handler at revision 22375
Created config rule/Istio-system/newlogtofluentd at revision 22376
```

检查 logging 命名空间, 如果 3 个 Pod 都正常启动, 说明 EFK 日志系统已经搭建完成并正常运行了。

```
$ kubectl get pod  -n logging
NAME                                READY    STATUS     RESTARTS    AGE
elasticsearch-85d7f8d9d4-27955      1/1      Running    0           56d
fluentd-es-657fc97b9c-vr858         1/1      Running    0           56d
```

```
kibana-7f759bd875-f247w               1/1        Running     0            56d
```

还可以用 Kiali 来查看 EFK 的运行和配置情况，如图 7-19 所示。

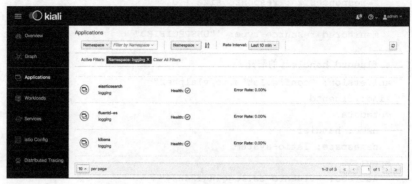

图 7-19　在 Kiali 中查看 EFK 的运行和配置

7.5.3　用 Kibana 查看生成的日志

下面来验证日志是否能被 Fluentd 收集并在 Kibana 界面中被查询到。访问几次 Bookinfo 应用来产生一些流量。接着，为 Kibana 建立端口转发以便可以在浏览器访问到它。

```
$ kubectl -n logging port-forward $(kubectl -n logging get pod -l app=kibana
 -o jsonpath='{.items[0].metadata.name}') 5601:5601 &
```

在浏览器输入网址 http://localhost:5601，打开图 7-20 所示的 Kibana 界面，单击右上角的"Set up index patterns"。

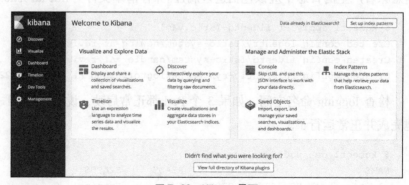

图 7-20　Kibana 界面

7.5 使用 EFK 收集和查看日志

使用 * 作为索引模式，即匹配任意数据，并单击"Next step"。选择@timestamp 作为时间筛选字段，然后单击"Create Index pattern"，如图 7-21 和图 7-22 所示。

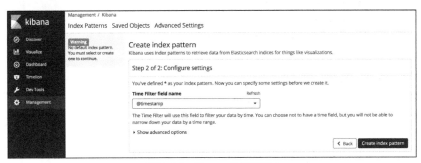

图 7-21　Kibana 设置索引 1

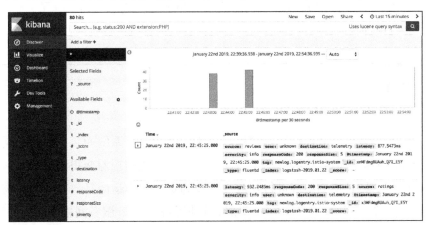

图 7-22　Kibana 设置索引 2

然后在左侧的菜单上单击"Discover"，并开始检索生成的日志。可以从图 7-23 的页面中看到，刚才的请求所产生的日志已经在 Kibana 中显示出来了。

图 7-23　查询日志

选择其中一条日志，单击左侧的小箭头展开日志内容。

```
{
  "_index": "logstash-2019.01.22",
  "_type": "fluentd",
  "_id": "unMFdmgBUAuh_Q7I_E5Y",
  "_version": 1,
  "_score": null,
  "_source": {
    "source": "ratings",
    "user": "unknown",
    "destination": "telemetry",
    "severity": "info",
    "latency": "3.6029ms",
    "responseCode": 200,
    "responseSize": 5,
    "@timestamp": "2019-01-22T14:45:24+00:00",
    "tag": "newlog.logentry.Istio-system"
  },
  "fields": {
    "@timestamp": [
      "2019-01-22T14:45:24.000Z"
    ]
  },
  "sort": [
    1548168324000
  ]
}
```

可以看到，日志中记录的内容正是我们在 Mixer 适配器实例中配置的属性。这说明，我们部署的 EFK 日志系统已经和 Istio 整合并能够正常工作了。

7.6 小结

本章聚焦于可视化这一主题。对于一个微服务系统而言，复杂的网络拓扑结构和调用关系使得监控服务的运行状况和追踪问题的根源变得十分困难。因此，利用可视化工具对整个系统进行观察变得尤为重要。幸运的是，有很多优秀的可视化工具可供选择，并且可以和 Istio 集成，这使得观测 Istio 服务网格变成一件容易的事情。我们选择了 Jaeger 作为分布式追踪工具，利用它来梳理服务之间的调用关系，追踪问题根源。Prometheus 用来保存各种指标数据,并提供查询。接下来我们把它和 Grafana 进行了整合,Prometheus 作为后端数据提供方,Grafana 作为前端 UI 界面,利用 Grafana 强大的展示能力对指标进行监控和分析。

另外,我们还介绍了一个完全针对 Istio 开发的网格可视化工具 Kiali,它提供了网格的拓扑图,并可以从应用、服务和负载等多个维度观察网格的运行状况。

我们还部署了一套目前在 Kubernetes 环境下较流行的集中式日志系统 EFK,并和 Istio 集成,完成了从日志收集到存储再到查询分析的全过程。

可视化是现在软件系统的重要延伸特性,对微服务这样复杂的分布式系统尤为重要。强烈建议服务网格的使用者都部署一整套可视化工具来轻松地完成监控和观测工作。

第 8 章

安全

安全对于分布式系统，特别是微服务来说至关重要。在类似网状拓扑的结构下进行流量加密，访问控制成为主要的安全需求。在开始本章的示例之前，我们先从认证和授权两方面了解一些 Istio 的安全策略。

8.1 认证

8.1.1 Istio 中的认证方式

Istio 中的认证有两种，传输认证（Transport Authentication）和身份认证（Origin Authentication）。

- 传输认证：也叫作服务到服务认证，验证直接客户端连接，提供双向 TLS 验证。
- 身份认证：也叫作终端用户认证，验证终端用户或设备，比较常见的是通过 JWT 验证。

1. TLS

上面提到的 TLS，即传输层安全（Transport Layer Security），是 SSL 的前身。在

SSL/TLS 出现之前，应用层协议都存在安全隐患。比如常使用的 HTTP 协议，在传输过程中使用的是明文信息，传输报文一旦被截获便会泄露，报文如果被篡改也不易发现。这种情况下就无法保证数据传输的安全可靠。为了解决此类问题，就在应用层和传输层之间加入了 SSL/TLS 协议。

TLS 实现了将应用层的报文进行加密后再交由 TCP 进行传输的功能，该协议由两层组成：TLS 记录（TLS Record）协议和 TLS 握手（TLS Handshake）协议。TLS 的前身是 SSL，即安全套接层（Secure Sockets Layer）。网景通信公司在 1994 年推出首个浏览器的同时也推出了 HTTPS 协议，它以 SSL 进行加密，这就是 SSL 的起源。SSL 目前的版本是 3.0，但 2014 年被 Google 爆出有设计安全漏洞，建议弃用。

TLS 1.0 出现于 1999 年，由互联网标准化组织基于 SSL 的基础上进行了升级。随后又公布了 1.1 版本（RFC 4346）和 1.2 版本（RFC 5246），这也是目前使用较广泛的版本。TLS 已成为互联网上安全通信的工业标准，在浏览器、邮箱、即时通信、VoIP 和网络传真等领域都有广泛的使用。

而所谓的双向 TLS（mutual TLS，mTLS）认证，顾名思义，就是客户端和服务端都需要彼此进行验证。在 Istio 网格中，客户端和服务端的 Envoy 会建立一个双向 TLS 连接，由代理完成验证，授权后再转发到服务本身。Istio 还提供了一个宽容模式的 mTLS，即同时允许纯文本流量和加密流量验证。这个功能使得 Istio 的安全架构具有了极大的兼容性。比如，服务网格内的服务经常要和外界服务进行通信，而这些服务很可能并不支持 mTLS，宽容模式就能很好地处理这种问题。另外，在网格内，如果要添加服务间的安全访问，可以先用宽容模式保证服务的正常运行，等 mTLS 开启并调试成功后再把流量切换过去。

2. JWT

JWT 的全称是 JSON Web Token，即 JSON 网络令牌，它是现在较流行的跨域认证解决方案，主要应用于授权。比如用户登录后，授权该用户可以访问相应的接口、资源等；或者是用同一身份跳转到不同的系统（如从淘宝跳转到支付宝）。

对于上面的两个业务场景，一般会使用 Session 的方式认证。登录后服务器为用户生成一个 SessionID，它对应着用户的基本信息，并将其保存下来。服务器将 SessionID 返回给客户端，客户端在 Cookie 中保存此 ID，每次发送请求时都附带着 ID，服务器在收到请求后通过 SessionID 找到保存的数据并得知用户身份。

Session 方案的第一个问题是扩展性。对于分布式系统，每台服务器都必须能够查询到 Session，这就要求它必须持久化，且支持全局访问。比如集中式的数据库或者分布式缓存。第二个问题就是，它是服务器端的验证方式，在用户量增长后数据量会增大，对资源的消耗和性能都有影响。

而 JWT 是一种基于客户端的解决方案，大致的工作原理是，用户登录后服务器生成一个令牌给客户端，由客户端保存；发送请求时带着令牌，服务器根据签名规则验证令牌的合法性和身份。一个完整的 JWT 包括 3 个部分：头部（Header）、负载（Payload）和签名（Signature）。头部负责定义 JWT 的元数据，负载存放实际需要传递的信息，签名是通过签名算法对前两部分进行编码而生成的字符串，可防止数据被篡改。这 3 部分组成一个 Token，中间用点隔开。下面是一个 Token 的示例。

```
eyJhbGciOiJIUzI1NiIsInR5cCI6IkpXVCJ9.eyJzdWIiOiIxMjM0NTY3ODkwIiwibmFtZSI6Ik
pvaG4gRG9lIiwiaWF0IjoxNTE2MjM5MDIyfQ.SflKxwRJSMeKKF2QT4fwpMeJf36POk6yJV_adQ
ssw5c
```

JWT 在使用的时候通常都被添加在请求头里，设置如下。

```
Authorization: Bearer <token>
```

Istio 的身份认证目前只支持 JWT 授权方式。

8.1.2 认证策略

认证策略为接收请求的服务指定一个验证的规则，它也是一种 CRD，使用 YAML 编写。下面是一个简单的例子：要求 reviews 服务使用 mTLS。

```
apiVersion: "authentication.Istio.io/v1alpha1"
kind: "Policy"
metadata:
  name: "reviews"
spec:
  targets:
  - name: reviews
    peers:
  - mtls: {}
```

1. 策略的作用域

策略有不同的作用域。Istio 可以为网格、命名空间以及特定服务设置认证策略。下面的例子定义了一个 MeshPolicy 的对象，它会为整个服务网格启用 mTLS。

```yaml
apiVersion: "authentication.Istio.io/v1alpha1"
kind: "MeshPolicy"
metadata:
  name: "default"
spec:
  peers:
  - mtls: {}
```

网格级别的策略会影响网格内所有的服务，相当于全局策略，因此只能定义一个策略，并且名称必须是 default，目标是空（{}）。而命名空间级别的策略影响的是命名空间内的服务，使用 Policy 对象设置，指定对应的 namespace 标签，如果不指定则表示为 default。

```yaml
apiVersion: "authentication.Istio.io/v1alpha1"
kind: "Policy"
metadata:
  name: "default"
  namespace: "ns1"
spec:
  peers:
  - mtls: {}
```

2. 目标选择

通常都要为认证策略选择目标，这一操作是通过 targets 属性实现的。网格范围和命名空间范围的策略是不需要指定 targets 的，因为这两个级别只能有 1 个策略，会把范围内的所有服务作为目标。因此，在上面的两个例子中并不需要设置 targets 属性。特定于服务的策略需要指定目标，且可以设置 1 个或者多个策略。

下面的策略目标有两个：任意端口的 product-page 服务和端口号为 9000 的 reviews 服务。

```yaml
targets:
 - name: product-page
 - name: reviews
   ports:
    - number: 9000
```

策略具有优先级。如果有多个策略作用于特定的服务，匹配的方式是优先匹配最小范围（先匹配特定服务策略），没有的话才去匹配命名空间策略，最后是网格策略。需要注意的是，如果同时有多个策略指定到某个服务，则策略的选择是随机的而不是依次顺序执行，在配置的时候需要避免这种情况。命名空间和网格范围都只有一种策略。

3. 传输认证

peers 属性用来定义传输认证的方法和参数。不过目前 Istio 只支持 mTLS 这一种方式，也不需要任何参数。因此 peers 属性只有下面一种配置。

```
peers:
  - mtls: {}
```

如果要配置上面介绍的 mTLS 宽容模式，则需要在 peers 属性下添加 "mode: PERMISSIVE"。这样受策略控制的服务就可以同时支持纯文本和 mTLS 两种访问方式。

```
peers:
- mtls:
    mode: PERMISSIVE
```

相信未来 Istio 会支持多种方法并通过参数提供不同的 mTLS 实现方式。

4. 身份认证

和 peers 类似，origins 属性定义身份认证的方法和参数。目前 Istio 只支持 JWT 方式的身份认证。不过可以提供多个 JWT，只要其中的某一个满足了认证就可以。下面的示例定义了一个 Google 发行的 JWT。

```
origins:
- jwt:
    issuer: "https://accounts.google.com"
    jwksUri: "https://www.googleapis.com/oauth2/v3/certs"
```

5. 认证绑定

8.1 节介绍过 Istio 中有传输认证和终端身份认证两种认证方式，我们可以同时在策略中通过 peers 和 origins 配置这两种认证，这就需要设置一个主认证。principalBinding 属性告诉 Istio 使用哪种方式作为主体验证。如果使用传输认证，属性值为 USE_PEER，终端身份认证属性值为 USE_ORIGIN。如果不做设置，则默认使用传输认证。下面的例子设置主认证方式为终端身份认证。

```
principalBinding: USE_ORIGIN
```

8.2 授权

认证通过后就需要授权。Istio 的授权是通过 RBAC 实现的，可以提供命名空间、服务和 HTTP 方法级别的访问控制。在第 2 章介绍 Istio 的安全特性时我们讲解了授权的工作流程：Isito 会把运维人员定义的授权策略提交保存到 Config Store，Pilot 检测到更新后下发配置给 Envoy 代理；每个 Envoy 都有一个授权引擎，请求到达时由它来判断是否通过认证。

8.2.1 启用授权

在 Istio 中通过 RbacConfig 这个 CRD 对象来启动授权，一个网格内只能定义一个 RbacConfig，名称为 default。可以用 mode 属性指定启动的模式，目前支持 4 种模式。

- OFF：禁用授权。
- ON：启用授权。
- ONWITHINCLUSION：只对包含在设置中的服务或命名空间启用授权，相当于白名单。
- ONWITHEXCLUSION：对除了设置中的服务或命名空间以外的部分启用授权，相当于黑名单。

下面的示例为 default 命名空间开启了授权。

```
apiVersion: "rbac.Istio.io/v1alpha1"
kind: RbacConfig
metadata:
  name: default
  namespace: Istio-system
spec:
  mode: 'ON_WITH_INCLUSION'
  inclusion:
    namespaces: ["default"]
```

8.2.2 授权策略

Istio 的授权策略是通过 ServiceRole 和 ServiceRoleBinding 两个 CRD 对象实现的。ServiceRole 定义了一组访问服务的权限，其实就是我们常说的角色；ServiceRoleBinding 把角色绑定到要设置的目标上，比如用户和组合服务。简单来说，这两个对象定义了"谁在哪些条件下能做什么"。具体来说，谁是指 ServiceRoleBinding 中的 subjects 属性，做什么是指 ServiceRole 中的 permission 属性，条件指两个对象中的 condition 属性。

1. ServiceRole

ServiceRole 的定义包括如下属性。

- services：服务名称列表，必选项。设置为 "*" 表示命名空间中的所有服务。
- methods：HTTP 方法列表，必选项，对于 gRPC 都设置为 POST。"*" 代表全部的方法。
- paths：HTTP 路径或 gRPC 方法，可选项。gRPC 方法必须采用/packageName.serviceName/methodName 的形式，并且区分大小写。如果不指定或者设置为 "*" 表示任何路径或方法都匹配。
- constraints：约束条件，可选项。可以通过它进一步缩小匹配的范围，比如目标服务的 IP 和标签等。具体的可配置选项请参考附录部分。

下面是一个简单的示例，定义了一个名叫 products-viewer 的角色，可以通过 GET、HEAD 的方式访问 default 命名空间的 products.default.svc.cluster.local 服务。同时我们还添加了一个约束项，对要访问的目标 IP 做了限制。

```
apiVersion: "rbac.Istio.io/v1alpha1"
kind: ServiceRole
metadata:
  name: products-viewer
  namespace: default
spec:
  rules:
  - services: ["products.default.svc.cluster.local"]
    methods: ["GET", "HEAD"]
```

```
            constraints:
            - key: destination.ip
              values: ["10.98.9.210"]
```

另外，services 和 paths 属性还支持前缀和后缀的模糊匹配，比如可以设置 services 为 "test"，即访问以 test 开头的服务，或者设置 paths 为 "/reviews"，即匹配后缀为 reviews 的所有路径。

2. ServiceRoleBinding

ServiceRoleBinding 的核心定义包括如下两部分。

- roleRef：设置要关联的角色，即 ServiceRole 对象。
- subjects：要分配角色的主题列表，主题可以包括用户、组和服务。

下面的示例定义了一个名为 test-binding-products 的对象，它把 products-viewer 角色与用户 service-account-a 进行绑定。

```
apiVersion: "rbac.Istio.io/v1alpha1"
kind: ServiceRoleBinding
metadata:
  name: test-binding-products
  namespace: default
spec:
  subjects:
  - user: "service-account-a"
    roleRef:
    kind: ServiceRole
    name: "products-viewer"
```

如果 user 属性被设置为 "*"，则服务会被开放给所有用户，包括通过和没通过验证的。如果只想把角色分配给经过验证的用户，可以加一个约束来实现。

```
  - properties:
        source.principal: "*"
```

Istio 的授权也支持 TCP 协议。比如可以为一个 MySQL 服务定义角色并绑定到访问它的服务上。唯一不同的是，和 HTTP 相关的配置会被忽略掉，比如 methods 和 paths。

8.3 HTTP 服务的访问控制

8.3.1 准备工作

要实现对服务的访问控制，第一步需要新建几个服务账号（Service Account）。服务账号是 Kubernetes 的一种对象，它为运行在 Pod 里的进程提供访问控制的能力。每个命名空间会有一个默认的服务账号 default。要想对不同的服务实现访问权限的控制，就需要创建对应的服务账号来运行这些服务。

在下面的清单文件中，创建了两个服务账号：bookinfo-productpage 和 bookinfo-reviews，同时重新定义了 productpage 和 reviews 两个服务，并用新建的服务账号来启动它们。这是通过在 Deployment 配置中添加 serviceAccountName 标签来完成的。

```
apiVersion: v1
kind: ServiceAccount
metadata:
  name: bookinfo-productpage
---
apiVersion: extensions/v1beta1
kind: Deployment
metadata:
  name: productpage-v1
spec:
  replicas: 1
  template:
    metadata:
      labels:
        app: productpage
        version: v1
    spec:
      serviceAccountName: bookinfo-productpage
      containers:
      - name: productpage
        image: Istio/examples-bookinfo-productpage-v1:1.8.0
        imagePullPolicy: IfNotPresent
        ports:
        - containerPort: 9080
```

```yaml
---
apiVersion: v1
kind: ServiceAccount
metadata:
  name: bookinfo-reviews
---
apiVersion: extensions/v1beta1
kind: Deployment
metadata:
  name: reviews-v2
spec:
  replicas: 1
  template:
    metadata:
      labels:
        app: reviews
        version: v2
    spec:
      serviceAccountName: bookinfo-reviews
      containers:
      - name: reviews
        image: Istio/examples-bookinfo-reviews-v2:1.8.0
        imagePullPolicy: IfNotPresent
        ports:
        - containerPort: 9080
---
apiVersion: extensions/v1beta1
kind: Deployment
metadata:
  name: reviews-v3
spec:
  replicas: 1
  template:
    metadata:
      labels:
        app: reviews
        version: v3
    spec:
      serviceAccountName: bookinfo-reviews
      containers:
      - name: reviews
        image: Istio/examples-bookinfo-reviews-v3:1.8.0
        imagePullPolicy: IfNotPresent
        ports:
        - containerPort: 9080
```

这份清单存在于 Istio 安装包的 samples 目录下，我们把它提交到 Kubernetes 使其生效。

```
$ kubectl apply -f <(istioctl kube-inject -f samples/bookinfo/platform/kube
/bookinfo-add-serviceaccount.yaml)
```

此时，访问 Bookinfo 应用并没有什么变化，各个服务都能访问正常。

在第 2 章介绍过，Istio 的授权功能沿用了 Kubernetes 里的授权方式——RBAC（Role Based Access Control）。RBAC 默认是关闭的，这也就是定义了服务账号后还能访问应用的原因。现在，通过执行下面的清单来打开 RBAC。

```
$ kubectl apply -f samples/bookinfo/platform/kube/rbac/rbac-config-ON.yaml
rbacconfig.rbac.Istio.io/default created
```

打开的方法很简单，就是定义一个 RbacConfig 对象，设置控制的命名空间是 default。模式为 "ONWITHINCLUSION"。这个模式只对 inclusion 中定义的命名空间进行访问控制，相当于白名单策略。

```
apiVersion: "rbac.Istio.io/v1alpha1"
kind: RbacConfig
metadata:
  name: default
spec:
  mode: 'ON_WITH_INCLUSION'
  inclusion:
    namespaces: ["default"]
```

再次从浏览器中访问 Bookinfo 应用，会发现服务页面无法加载，直接返回了 "RBAC: access denied" 的字样。这说明 RBAC 的设置生效了。

8.3.2　命名空间的访问控制

Istio 支持几种级别的访问控制，最粗粒度的是针对命名空间的访问控制，即一个命名空间的服务是否可以被其他命名空间访问。

使用下面的清单来实现命名空间级别的访问控制。首先创建了一个名为 service-viewer 的 ServiceRole，它可以对 default 命名空间内与 Bookinfo 相关的服务进行 GET 请求。接下来创建一个 ServiceRoleBinding 对象，给 default 和 Istio-system 命名空间下的服务分配上面定义的角色。

```
apiVersion: "rbac.Istio.io/v1alpha1"
kind: ServiceRole
```

```yaml
metadata:
  name: service-viewer
  namespace: default
spec:
  rules:
  - services: ["*"]
    methods: ["GET"]
    constraints:
    - key: "destination.labels[app]"
      values: ["productpage", "details", "reviews", "ratings"]
---
apiVersion: "rbac.Istio.io/v1alpha1"
kind: ServiceRoleBinding
metadata:
  name: bind-service-viewer
  namespace: default
spec:
  subjects:
  - properties:
      source.namespace: "Istio-system"
  - properties:
      source.namespace: "default"
  roleRef:
    kind: ServiceRole
    name: "service-viewer"
```

将清单文件提交到 Kubernetes，使其生效。

```
$ kubectl apply -f samples/bookinfo/platform/kube/rbac/namespace-policy.yaml
servicerole.rbac.Istio.io/service-viewer created
servicerolebinding.rbac.Istio.io/bind-service-viewer created
```

在浏览器中访问 Bookinfo，发现页面可以正常加载了。

8.3.3 服务级别的访问控制

除了命名空间的访问控制，Istio 还支持针对服务这种更细粒度级别的控制。在下面的例子中，逐步开放 productpage、reviews 和 ratings 服务，来观察页面的变化。

首先，清理掉之前设置的命名空间的访问控制配置，以免新配置受到影响。

```
$ kubectl delete -f samples/bookinfo/platform/kube/rbac/namespace-policy.yaml
servicerole.rbac.Istio.io "service-viewer" deleted
servicerolebinding.rbac.Istio.io "bind-service-viewer" deleted
```

我们还是通过 ServiceRole 和 ServiceRoleBinding 两个对象完成权限的开放。下面的清单先创建了名为 productpage-viewer 的角色，它可以对 productpage 进行 GET 请求，然后定义绑定对象，作用域为 default 命名空间。

```
apiVersion: "rbac.Istio.io/v1alpha1"
kind: ServiceRole
metadata:
  name: productpage-viewer
  namespace: default
spec:
  rules:
  - services: ["productpage.default.svc.cluster.local"]
    methods: ["GET"]
---
apiVersion: "rbac.Istio.io/v1alpha1"
kind: ServiceRoleBinding
metadata:
  name: bind-productpage-viewer
  namespace: default
spec:
  subjects:
  - user: "*"
  roleRef:
    kind: ServiceRole
    name: "productpage-viewer"
```

提交清单到 Kubernetes。

```
$ kubectl apply -f samples/bookinfo/platform/kube/rbac/productpage-policy.yaml
servicerole.rbac.Istio.io/productpage-viewer created
servicerolebinding.rbac.Istio.io/bind-productpage-viewer created
```

在浏览器中访问 Bookinfo 应用，发现 productpage 页面可以显示了，但 details 和 reviews 的内容返回了错误，如图 8-1 所示。因为我们只开放了对首页的访问，所以这和预期是一致的。

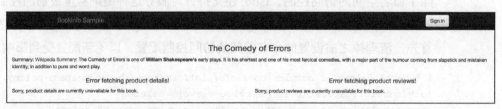

图 8-1　返回错误

接下来，开放 details 和 reviews 服务。清单的定义和前面是类似的，这里就不展开讲解了，直接执行。

```
$ kubectl apply -f samples/bookinfo/platform/kube/rbac/details-reviews-policy.yaml
servicerole.rbac.Istio.io/details-reviews-viewer created
servicerolebinding.rbac.Istio.io/bind-details-reviews created
```

再次访问页面，可以看到与 details 和 reviews 服务相关的页面内容也显示了，但是和 ratings 服务相关的评星部分依然会返回错误。最后，为 ratings 服务定义角色并绑定对象，提交到 Kubernetes。

```
$ kubectl apply -f samples/bookinfo/platform/kube/rbac/ratings-policy.yam
servicerole.rbac.Istio.io/ratings-viewer created
servicerolebinding.rbac.Istio.io/bind-ratings created
```

访问浏览器，评星部分的内容也可以显示了。

8.4　TCP 服务的访问控制

8.3 节介绍的 HTTP 的访问控制通常用于基于业务的服务之间的交互，在很多情况下，这些服务还需要和各种基础设施打交道，比如数据库和分布式缓存等，与这些系统的通信一般都是使用 TCP 协议。Istio 也提供了针对 TCP 的访问控制，本节将通过一个示例来介绍如何控制 TCP 的访问。

8.4.1　准备工作

Bookinfo 应用中的服务都是基于 HTTP 的，我们需要安装一个 TCP 的服务来完成测试。这里选择启动一个 MongoDB 数据库作为 TCP 服务，同时修改 ratings 服务的部署，让它以 TCP 方式和 MongoDB 通信。

无论什么协议，在 Istio 中为其分配权限时都需要创建服务账号，我们创建一个 ratings 服务的 v2 版本，并为它创建服务账号 bookinfo-ratings-v2，其他服务继续使用 default。

```
apiVersion: v1
```

```
kind: ServiceAccount
metadata:
  name: bookinfo-ratings-v2
---
apiVersion: extensions/v1beta1
kind: Deployment
metadata:
  name: ratings-v2
spec:
  replicas: 1
  template:
    metadata:
      labels:
        app: ratings
        version: v2
    spec:
      serviceAccountName: bookinfo-ratings-v2
      containers:
      - name: ratings
        image: Istio/examples-bookinfo-ratings-v2:1.10.0
        imagePullPolicy: IfNotPresent
        env:
          - name: MONGO_DB_URL
            value: MongoDB://MongoDB:27017/test
        ports:
        - containerPort: 9080
---
```

上面的清单创建了一个新的服务账号，同时增加了新的 ratings 服务，并通过 ServiceAccountName: bookinfo-ratings-v2 让它使用新建的服务账号。这个版本的服务会使用 MongoDB 作为默认数据库，把配置命名为 ratings-v2-add-serviceaccount.yaml 并提交到 Kubernetes。

```
$ kubectl apply -f ratings-v2-add-serviceaccount.yaml
serviceaccount/bookinfo-ratings-v2 created
deployment.extensions/ratings-v2 created
```

启动后可以在 Kiali 看到，ratings 服务现在有两个版本，如图 8-2 所示。

现在定义路由规则，让 reviews 服务使用 ratings 服务的 v2 版本。

```
# 创建目标规则
$ kubectl apply -f samples/bookinfo/networking/destination-rule-all-mtls.yaml
# 创建虚拟服务
$ kubectl apply -f samples/bookinfo/networking/virtual-service-ratings-db.yaml
```

8.4 TCP 服务的访问控制

图 8-2　启动 ratings 服务的 v2 版本

执行完成后在浏览器中访问 Bookinfo 应用，会发现图 8-3 展示的与 reviews 相关内容返回错误，这是因为我们还没有部署 ratngs 服务依赖的 MongoDB。

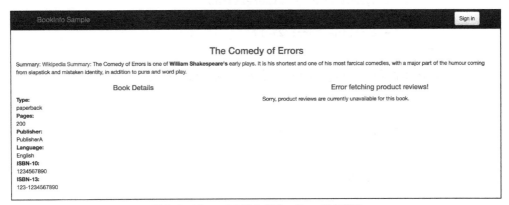

图 8-3　MongoDB 缺失导致 ratings 服务错误

我们为 MongoDB 定义服务并创建部署。MongoDB 的默认端口号是 27017。

```
apiVersion: v1
kind: Service
metadata:
  name: MongoDB
  labels:
    app: MongoDB
spec:
  ports:
  - port: 27017
```

```yaml
      name: mongo
  selector:
    app: MongoDB
---
apiVersion: extensions/v1beta1
kind: Deployment
metadata:
  name: MongoDB-v1
spec:
  replicas: 1
  template:
    metadata:
      labels:
        app: MongoDB
        version: v1
    spec:
      containers:
      - name: MongoDB
        image: Istio/examples-bookinfo-MongoDB:1.8.0
        imagePullPolicy: IfNotPresent
        ports:
        - containerPort: 27017
---
```

把清单命名为 mongo.yaml，提交到 Kubernetes。

```
$ kubectl apply -f mongo.yaml
```

再次刷新浏览器，发现页面可以正常显示了。

8.4.2 启动访问控制

基本的测试环境搭建完成，接下来可以开启对 MongoDB 服务的访问控制了。和 8.3 节针对 HTTP 访问控制的配置类似，针对 MongoDB 的服务设置 RBAC。

```yaml
apiVersion: "rbac.Istio.io/v1alpha1"
kind: ClusterRbacConfig
metadata:
  name: default
spec:
  mode: 'ON_WITH_INCLUSION'
  inclusion:
    services: ["MongoDB.default.svc.cluster.local"]
---
```

提交到 Kubernetes。

```
$ kubectl apply -f rbac-config-on-MongoDB.yaml
```

再次访问页面，可以发现 ratings 部分返回了错误，访问控制生效了。如果让 ratings 服务和 MongoDB 通信呢？想必读者已经猜到了，还是需要设置 ServiceRole 和 ServiceRoleBinding 两个对象。

```
apiVersion: "rbac.Istio.io/v1alpha1"
kind: ServiceRole
metadata:
  name: MongoDB-viewer
  namespace: default
spec:
  rules:
  - services: ["MongoDB.default.svc.cluster.local"]
    constraints:
    - key: "destination.port"
      values: ["27017"]
---
apiVersion: "rbac.Istio.io/v1alpha1"
kind: ServiceRoleBinding
metadata:
  name: bind-MongoDB-viewer
  namespace: default
spec:
  subjects:
  - user: "cluster.local/ns/default/sa/bookinfo-ratings-v2"
  roleRef:
    kind: ServiceRole
    name: "MongoDB-viewer"
---
```

清单创建了一个 ServiceRole 对象，它可以访问 MongoDB 服务的 27017 端口。同时，定义的 ServiceRoleBinding 对象把角色分配给 ratings 服务的 v2 版本。

执行清单。

```
$ kubectl apply -f MongoDB-policy.yaml
```

再次刷新浏览器中的 Bookinfo 页面，ratings 服务正常返回，并显示了星标，定义的访问控制策略生效了。

通过对 HTTP 和 TCP 的访问控制的示例可以了解到，在 Istio 中，通过 RBAC 进行访问控制一般需要如下几个步骤。

（1）定义 ServiceAccount，使用它作为被访问者（服务）的服务账号。
（2）启动 RABC，设置要控制的服务。
（3）创建 ServiceRole 和 ServiceRoleBinding 对象，把角色分配给调用者。

8.5 外部密钥和证书

有时候需要使服务网格内、外部具有密钥和证书的服务进行交互，比如某服务需要使用 AWS 的 S3 进行文件的上传和下载，这就需要把对方服务的证书配置到服务网格中。这一功能是 Citadel 组件提供的。下面的例子将演示如何导入证书。

8.5.1 插入密钥和证书

Istio 的安装包已经在 samples/certs/目录中提供了模拟测试的证书文件，其中包括根证书 root-cert.pem、证书 ca-cert.pem 和密钥 ca-key.pem，以及证书链 cert-chain.pem。创建一个名为 cacerts 的 secret 对象，包含所有输入的证书文件。

```
$ kubectl create secret generic cacerts -n Istio-system --from-file=samples/certs/ca-cert.pem \
--from-file=samples/certs/ca-key.pem --from-file=samples/certs/root-cert.pem \
--from-file=samples/certs/cert-chain.pem
```

使用 Helm 重新部署 Citadel，通过 global.mtls.enabled=true 启用双向 TLS 验证，并关闭自签名。然后把证书提交到 Kubernetes。

```
$ helm template install/Kubernetes/helm/Istio --name Istio --namespace Istio-system -x charts/security/templates/deployment.yaml \
--set global.mtls.enabled=true --set security.selfSigned=false > $HOME/citadel-plugin-cert.yaml
$ kubectl apply -f $HOME/citadel-plugin-cert.yaml
```

使用新生成的 cacerts 证书进行验证，这就需要删除默认的证书。

```
$ kubectl delete secret Istio.default
```

8.5.2　检查新证书

下面使用 ratings 服务的 Pod 作为例子，检查这个 Pod 上加载的证书。用变量 RATINGSPOD 保存 Pod 名称。

```
$ RATINGSPOD=`kubectl get pods -l app=ratings -o jsonpath='{.items[0].metadata.name}'`
```

运行下列命令，获取 proxy 容器中加载的证书。

```
$ kubectl exec -it $RATINGSPOD -c Istio-proxy -- /bin/cat /etc/certs/root-cert.pem > /tmp/pod-root-cert.pem
```

/tmp/pod-root-cert.pem 文件中包含传输到 Pod 中的根证书。

```
$ kubectl exec -it $RATINGSPOD -c Istio-proxy -- /bin/cat /etc/certs/cert-chain.pem > /tmp/pod-cert-chain.pem
```

而 /tmp/pod-cert-chain.pem 文件则包含了工作负载证书以及传输到 Pod 中的 CA 证书，检查根证书和运维人员指定的证书是否一致。

```
$ openssl x509 -in @samples/certs/root-cert.pem@ -text -noout > /tmp/root-cert.crt.txt
$ openssl x509 -in /tmp/pod-root-cert.pem -text -noout > /tmp/pod-root-cert.crt.txt
$ diff /tmp/root-cert.crt.txt /tmp/pod-root-cert.crt.txt
# 检查 CA 证书和运维人员指定的是否一致
$ tail -n 22 /tmp/pod-cert-chain.pem > /tmp/pod-cert-chain-ca.pem
$ openssl x509 -in @samples/certs/ca-cert.pem@ -text -noout > /tmp/ca-cert.crt.txt
$ openssl x509 -in /tmp/pod-cert-chain-ca.pem -text -noout > /tmp/pod-cert-chain-ca.crt.txt
$ diff /tmp/ca-cert.crt.txt /tmp/pod-cert-chain-ca.crt.txt
```

如果 diff 的结果是空，就说明证书是一致的。

8.6　小结

本章讨论了 Istio 的安全特性。首先介绍 Istio 中的认证方式有两种：传输认证和身份认证。传输认证指服务到服务的认证，目前只支持双向 TLS；身份认证指终端用户认证，通常使用 JWT 方式。然后介绍了认证策略的配置方法，Istio 里的认证策略有 3 种作用域：网格、命名空间和服务。

在 Istio 中通过 RbacConfig 这个 CRD 对象来启动授权。授权策略通过 ServiceRole 和 ServiceRoleConfig 两个 CRD 来配置。ServiceRole 定义了一组访问服务的权限，其实就是我们常说的角色；ServiceRoleBinding 把角色绑定到要设置的目标上，比如用户和服务。

接着我们分别用两个实例演示了如何对 HTTP 和 TCP 服务进行访问控制。最后介绍了如何把外部的密钥和证书导入网格内。

第 9 章

进阶

9.1 云平台集成

为方便调试，本书的示例都是基于本地环境讲解的。如果本地安装受到限制，比如系统性能达不到启动 Kubernetes 集群的要求，可以使用云服务平台，一般情况下部署在生产环境的应用也会优先使用云服务。目前版本的 Istio 其实是深度依赖于 Kubernetes 平台的，理论上，任何云平台上的 Kubernetes 产品（包括自行安装的 Kubernetes）都可以部署 Istio，只需要导入 Istio 的 CRD，并使用官方提供的 Helm 进行安装即可。

目前大部分主流的云平台都提供了相应的 Kubernetes 产品，比如 Amazon AWS 的 EKS、Google Cloud 的 GKE、国内腾讯云的 CIS 以及阿里云的 Kubernetes 容器服务。本节挑选了 Google Cloud 和阿里云来介绍，因为相比其他云平台，这两个产品都内置了 Istio 组件，可以使安装集成工作更简单。在其他云平台的 Kubernetes 集群下安装 Istio 和在本地集群中安装基本上没有太大区别。

9.1.1 在 Google Cloud GKE 上启用 Istio

作为自家开发的产品 Google 自然会在 Istio 的推广上不遗余力。Google Cloud 的

Kubernetes 服务 GKE 就内置了 Istio。

1. 准备工作

在使用 Google Cloud 之前读者需要注册一个 Google 账号，同时开通结算功能（需要绑定信用卡）。首先创建一个应用，如图 9-1 所示。

图 9-1　Google 云平台创建应用

接下来需要下载 Cloud SDK。单击进入图 9-2 的界面，然后选择对应的操作系统和版本下载，安装 gcloud 命令行工具。这个工具在 Google Cloud SDK 安装包里，创建和管理 Kubernetes 集群以及启用 Istio 组件时都会用到它。安装完成后可以查看它的版本。

图 9-2　下载云平台的 SDK

```
$ gcloud version
```

另一个命令行工具就是 kubectl，我们在本地搭建 Kubernetes 环境时就已经安装过。读者也可以通过 gcloud 去安装它。

```
$ gcloud components install kubectl
```

可以为 gcloud 设置默认的项目，以便简化命令的输入。

```
$ gcloud config set project [PROJECT_ID]
$ gcloud config set compute/zone us-central1-b
```

2. 版本支持

安装在 GKE 里的 Istio 的版本依赖于 GKE 的版本。在本书编写时 GKE 支持的最新的 Istio 版本是 1.0.6-gke.1，这也是目前官方推荐使用的版本（Istio 官方已经发布了 1.1 版本）。可以在相关页面（https://cloud.google.com/Istio/docs/Istio-on-gke/release-notes）查看具体的版本支持情况。

3. 在 GKE 中创建带有 Istio 的集群

要启用 Istio 组件需要创建最少 4 个节点的集群，当然也可以不使用内置组件而自己安装 Istio。下面是创建 Istio 集群的步骤。

（1）进入如图 9-3 所示的 Kubernetes Engine 页面选择创建集群。启动 API 需要花费一些时间。

图 9-3 创建集群

（2）使用默认标准集群，选择想要创建的节点数量和机器，如无特殊需求，全部选择默认配置，如图 9-4 所示。

（3）在主版本下拉列表中，选择一个支持的 Istio 版本。

（4）单击高级选项，选择启用 Istio。

（5）选择 mTLS 安全模式或者是宽容模式。

（6）单击创建集群。

图 9-4　集群配置

4. 验证安装

单击创建的集群，在左侧列表中选择服务，如果看到如图 9-5 所示的 Istio 服务，说明 Istio 安装成功了。

图 9-5　服务列表

也可以通过 gcloud 命令在 Cloud Shell 或者本地终端进行验证。下面示例的第一条命令相当于进入集群环境来使用 kubectl 访问集群。GKE 也是把 Istio 安装到了 Istio-system 这个命名空间里，如果通过第二条命令能查看到 Istio 的各个服务，说明安装成功。

```
$ gcloud container clusters get-credentials standard-cluster-1 --zone us-ce
ntral1-a --project <project name>
Fetching cluster endpoint and auth data.
kubeconfig entry generated for standard-cluster-1.
$ kubectl get svc -n Istio-system
```

通过上面的步骤可以看到，安装 GKE 集成的 Istio 非常简单，只需要几个页面操作而已，有兴趣的读者可以自己尝试一下。但需要注意的是，这项功能目前还是 beta 测试版。

9.1.2 使用阿里云 Kubernetes 容器服务

阿里云也提供了 Kubernetes 服务，可以通过可视化的方式搭建 Kubernetes 集群，同时还提供了 Istio 作为组件。下面来介绍一下如何在阿里云环境中安装 Istio（注意，云平台视使用情况会收取一定费用）。

1. 准备工作

首先需要一个阿里云账号，直接使用支付宝账号即可。登录阿里云平台，在产品列表中选择"云计算基础"→"容器服务 Kubernetes 版"，如图 9-6 所示。

图 9-6　阿里云 Kubernetes

2. 创建集群

然后进入如图 9-7 所示的控制台，在右上角单击"创建 Kubernetes 集群"。

图 9-7　控制台

在图 9-8 的页面中创建集群。需要开通弹性伸缩服务 ESS、访问控制、资源编排 ROS 和日志服务。

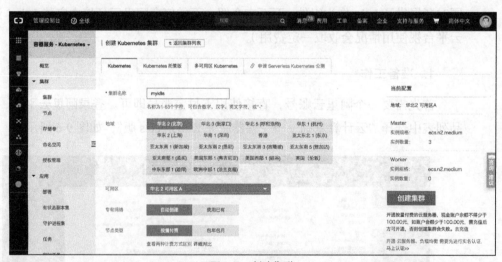

图 9-8　创建集群

3. 添加 Istio 组件

集群创建完成后，在图 9-9 显示的页面左侧列表中选择"市场"→"应用目录"，这里包括可以安装在集群中的插件。这里选择 ack-istio。

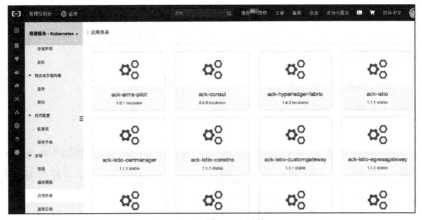

图 9-9　选择 Istio 插件

进入图 9-10 的 Istio 插件页面，可以发现实际上阿里云也是通过 Helm 对 Istio 进行安装，只不过做了封装，可以直接单击创建来完成安装。

图 9-10　Istio 插件页面

9.2　高级流量控制

9.2.1　故障注入

对分布式系统来说，系统的弹性是指在故障发生时依然可以提供一定的服务。

故障注入,就是通过人为破坏使系统出现故障,从而测试系统的弹性和故障恢复能力。在这一领域,Netflix 的 Chaos Mondey 是比较全面的故障注入系统,有兴趣的读者可以去了解一下。

Istio 提供了两种故障注入的能力,分别是延迟和中断。

1. 延迟故障

在 Bookinfo 应用中 reviews 服务的 v2 和 v3 版本会继续调用 ratings 服务以显示星标。现在我们在这两个服务之间注入一个 7s 的延迟。看一看会发生什么。

创建故障注入规则延迟来自用户 jason 的流量。

```
$ kubectl apply -f samples/bookinfo/networking/virtual-service-ratings-test
-delay.yaml
```

可以从配置上看到,针对 ratings 服务我们配置了一个"fault"标记的配置项,让流量发生 7s 的延迟,同时还设置了限制,延迟效果只对以 jason 身份登录的用户生效。

```
apiVersion: networking.Istio.io/v1alpha3
kind: VirtualService
metadata:
  name: ratings
spec:
  hosts:
  - ratings
  http:
  - match:
    - headers:
        end-user:
          exact: jason
    fault:
      delay:        #故障注入,延迟 7s
        percent: 100
        fixedDelay: 7s
    route:
    - destination:
        host: ratings
        subset: v1
  - route:
    - destination:
        host: ratings
        subset: v1
```

我们来测试一下配置的效果。以 jason 用户的身份登录/productpage 界面。

预期是 Bookinfo 主页在大约 7s 后加载完成并且没有错误。但是 Reviews 部分显示了错误消息，如图 9-11 所示。

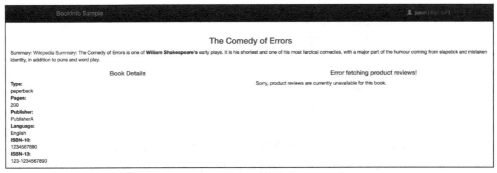

图 9-11　延迟故障注入

出错的原因是 reviews 和 ratings 服务之间硬编码了连接超时的时间为 10s，而我们添加的延迟加上本来的加载时间超过了 10s，引发了错误。延迟的目的就是来捕获这些正常情况下难以发现的问题。要修复这个问题很简单，读者自己可以尝试把延迟时间设置得短一些，比如 2s，再重新运行。

2. 中断故障

除了延迟故障，还可以用 abort 关键字引入中断故障，使响应返回对应的 HTTP 错误状态码。在下面的配置中，我们直接让 ratings 服务返回 500 错误。

```
$ kubectl apply -f samples/bookinfo/networking/virtual-service-ratings-test-abort.yaml
```

这个规则如下。

```
apiVersion: networking.Istio.io/v1alpha3
kind: VirtualService
metadata:
  name: ratings
spec:
  hosts:
  - ratings
  http:
  - fault:
      abort:            #注入 abort 故障，返回 500 错误
        httpStatus: 500
```

```yaml
      percent: 100
    match:
    - headers:
        end-user:
          exact: jason
      route:
      - destination:
          host: ratings
          subset: v1
    - route:
      - destination:
          host: ratings
          subset: v1
```

打开浏览器测试一下，发现使用 jason 用户登录后页面中会显示 "Ratings service is currently unavailable" 消息，如图 9-12 所示。如果未登录或使用其他用户名，ratings 服务会正常显示。

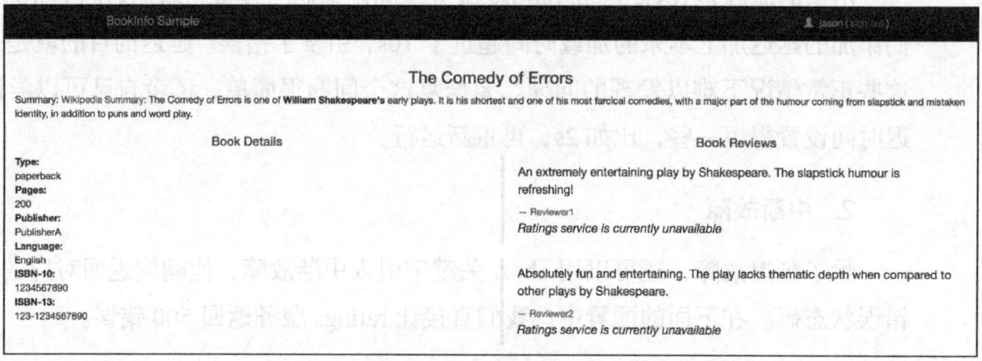

图 9-12 中断故障注入

9.2.2 流量镜像

有经验的读者一定会有这样的经历，有时候在本地很难重现生产环境中出现的问题，很多 Bug 只有在线上的数据环境或者是高并发的情况下才会出现。在测试环境中想要模拟这样的情况是非常困难的，即便我们可以通过压力测试模拟请求的规模，但自己编写的测试用例也很难完全覆盖线上真实的请求数据。通过流量镜像就能解决上面的问题。流量镜像也叫流量复制，它可以复制请求并将其发送到指定的入口，这使得用户可以使用真实的请求来测试服务。

Istio 提供了流量镜像的功能。在下面的示例中，我们把流向 httpbin v1 版本服务的请求镜像到 v2 版本。

1. 部署服务

首先部署需要使用的服务，然后用下面的步骤来验证流量的镜像功能。

（1）部署两个版本的 httpbin 服务 v1 和 v2，部署 Sleep 服务用来发送请求。

（2）配置路由规则，把流量都指向 v1 版本。

（3）登录 Sleep 服务的 Pod，通过 curl 命令发送请求，验证请求都被发送到了 v1 版本。

（4）修改虚拟服务的配置，添加镜像规则。

（5）再次通过 Sleep 服务发送请求，验证 v2 版本也收到了请求。

用下面的清单部署 httpbin 服务的两个版本。

部署 httpbin-v1。

```
cat <<EOF | istioctl kube-inject -f - | kubectl create -f -
apiVersion: extensions/v1beta1
kind: Deployment
metadata:
  name: httpbin-v1
spec:
  replicas: 1
  template:
    metadata:
      labels:
        app: httpbin
        version: v1
    spec:
      containers:
      - image: docker.io/kennethreitz/httpbin
        imagePullPolicy: IfNotPresent
        name: httpbin
        command: ["gunicorn", "--access-logfile", "-", "-b", "0.0.0.0:80", "httpbin:app"]
        ports:
        - containerPort: 80
EOF
```

部署 httpbin-v2。

```
cat <<EOF | istioctl kube-inject -f - | kubectl create -f -
```

```
apiVersion: extensions/v1beta1
kind: Deployment
metadata:
  name: httpbin-v2
spec:
  replicas: 1
  template:
    metadata:
      labels:
        app: httpbin
        version: v2
    spec:
      containers:
      - image: docker.io/kennethreitz/httpbin
        imagePullPolicy: IfNotPresent
        name: httpbin
        command: ["gunicorn", "--access-logfile", "-", "-b", "0.0.0.0:80", "httpbin:app"]
        ports:
        - containerPort: 80
EOF
```

创建 httpbin 服务。

```
$ kubectl apply -f - <<EOF
apiVersion: v1
kind: Service
metadata:
  name: httpbin
  labels:
    app: httpbin
spec:
  ports:
  - name: http
    port: 8000
    targetPort: 80
  selector:
    app: httpbin
EOF
```

启动 Sleep 服务。

```
cat <<EOF | istioctl kube-inject -f - | kubectl apply -f -
apiVersion: extensions/v1beta1
kind: Deployment
metadata:
```

```
      name: sleep
spec:
  replicas: 1
  template:
    metadata:
      labels:
        app: sleep
    spec:
      containers:
      - name: sleep
        image: tutum/curl
        command: ["/bin/sleep","infinity"]
        imagePullPolicy: IfNotPresent
EOF
```

2. 创建默认路由策略

创建默认的路由规则，将所有流量路由到服务的 v1 版本。

```
$ cat <<EOF | kubectl apply -f -
apiVersion: networking.Istio.io/v1alpha3
kind: VirtualService
metadata:
  name: httpbin
spec:
  hosts:
    - httpbin
  http:
  - route:
    - destination:
        host: httpbin
        subset: v1
      weight: 100
---
apiVersion: networking.Istio.io/v1alpha3
kind: DestinationRule
metadata:
  name: httpbin
spec:
  host: httpbin
  subsets:
  - name: v1
    labels:
      version: v1
  - name: v2
```

```
  labels:
    version: v2
EOF
```

登录到 Sleep 的 Pod，向 httpbin 服务发送一条请求。可以通过 kubectl get pods 命令手动找到 Sleep 服务的 Pod 名，也可以通过下面的命令自己解析出 Pod 并设置一个环境变量，直接使用。

```
$ export SLEEP_POD=$(kubectl get pod -l app=sleep -o jsonpath={.items..meta
data.name})
$ kubectl exec -it $SLEEP_POD -c sleep -- sh -c 'curl  http://httpbin:8000/
headers'
{
    "headers": {
        "Accept": "*/*",
        "Content-Length": "0",
        "Host": "httpbin:8000",
        "User-Agent": "curl/7.60.0",
        "X-B3-Sampled": "0",
        "X-B3-Spanid": "6f4c2b41b5ebc2f4",
        "X-B3-Traceid": "6f4c2b41b5ebc2f4"
    }
}
```

通过 Istio-proxy 查看一下两个版本的请求日志。和预期一样，v1 是有日志的，而 v2 没有请求日志。

```
$ kubectl logs -f httpbin-v1-666ccbcd5b-99v87 -c Istio-proxy
[2019-03-07T13:59:35.833Z] "GET /headersHTTP/1.1" 200 - 0 241 14 14 "-" "cu
rl/7.35.0" "68700719-7b6c-463f-aa7f-535768222d15" "httpbin:8000" "127.0.0.1
:80" inbound|8000||httpbin.default.svc.cluster.local - 10.1.0.103:80 10.1.0
.102:57988
$ kubectl logs -f httpbin-v2-565f9cf866-kxmgg -c Istio-proxy
#没有日志
```

3. 设置镜像流量

镜像流量的设置很简单，在 VirtualService 中添加 mirror 标记即可。从下面的配置中可以看到，我们首先把所有的请求发送到 v1 版本的服务，然后镜像这些请求，发送给 v2。镜像的请求报头会加上 "-shadow" 的后缀，可以从稍后的日志中验证这一点。另外，镜像请求的响应会被忽略掉。

```
kubectl apply -f - <<EOF
apiVersion: networking.Istio.io/v1alpha3
```

```
  kind: VirtualService
  metadata:
    name: httpbin
  spec:
    hosts:
      - httpbin
    http:
    - route:
      - destination:
          host: httpbin
          subset: v1
        weight: 100
      mirror:           #镜像请求到 v2
        host: httpbin
        subset: v2
EOF
```

进入 Sleep 的 Pod 终端再次发送请求，然后分别查看 v1 和 v2 版本的日志。可以发现，v2 版本的服务也收到了日志，报头信息是 "httpbin-shadow:8000"，说明镜像的请求被成功地转发。

```
$ kubectl logs -f $V1_POD -c httpbin
[2019-03-07T14:07:37.066Z] "GET /headersHTTP/1.1" 200 - 0 241 52 17 "-" "curl/7.35.0" "e27d48ad-fa99-4650-ae80-f8b5ae1ff1e6" "httpbin:8000" "127.0.0.1:80" inbound|8000||httpbin.default.svc.cluster.local - 10.1.0.103:80 10.1.0.102:57988
$ kubectl logs -f httpbin-v2-565f9cf866-kxmgg -c Istio-proxy
[2019-03-07T14:05:48.729Z] "GET /headersHTTP/1.1" 200 - 0 281 36 34 "10.1.0.102" "curl/7.35.0" "549555b5-95c6-4460-95df-93d7ce86b6d7" "httpbin-shadow:8000" "127.0.0.1:80" inbound|8000||httpbin.default.svc.cluster.local - 10.1.0.104:80 10.1.0.102:0
```

9.3　调试和故障排查

和应用程序的开发部署类似，当 Istio 出现问题时也需要通过日志等方式获取它的运行情况来查找问题。本节将介绍通过日志和内置的命令来调试和排查问题的方法。

9.3.1 Istio 组件的日志

Istio 的日志框架非常灵活,日志功能的选项可以在启动的时候通过命令进行设置,并且提供了方便调试的功能。

1. 日志范围

Istio 中的日志是按照范围(Scope)进行分类的。范围可以理解为是一组相关功能的日志组合。比如,Mixer 包含 5 个范围:adapters、api、attributes、default 和 grpcAdapter。

2. 日志级别

Istio 中的日志级别和常见的级别设定没有太大区别,分为以下 5 种。
- none:不输出日志。
- error:错误级别,输出错误信息。
- warning:警告级别,输出警告信息。
- info:范围的默认级别,输出必要的信息。
- debug:调试级别。

日志级别可以通过 --log_output_level 命令设置。比如下面的命令将 Mixer 的 attributes 范围的级别设置为 debug。

```
$ mixs server --log_output_level attributes=debug
```

除命令方式外,还可以通过 ControlZ 来进行日志设置。ControlZ 是一个内检框架,Istio 的组件会暴露一个端口给它,通过可视化的方式查看组件的内部状况。Mixer、Pilot 和 Gallery 都实现了 ControlZ 的功能。可以通过端口转发来启动 ControlZ 的页面。

```
$ kubectl port-forward -n Istio-system <podname> 9876:9876
```

选择一个 Istio 组件的 Pod 名称并执行上面的命令,在浏览器中访问 http://localhost:9876,就可以看到如图 9-13 所示的页面。读者可以在 Logging Scopes 中修改日志的级别。

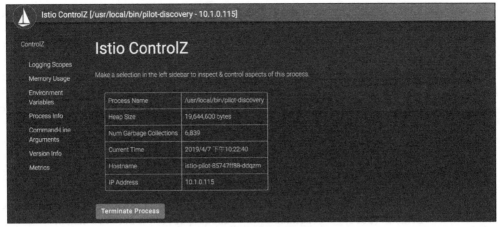

图 9-13　Istio ControlZ

3. 日志输出

默认情况下日志会被发送到组件的标准输出流。可以通过--logtarget 选项修改文件路径。另外，使用--logas_json 选项将日志的输出格式修改为 JSON，方便后端工具加工和处理。

Istio 的日志支持时间和文件大小的轮换方式。通过--logrotate 选项可以指定日志文件前缀；--logrotatemaxage 选项用来指定轮换的最大天数；--logrotatemaxsize 用来指定轮换的最大文件大小；而--logrotatemaxbackups 选项可以指定最多保留多少个文件，并自动删除旧文件。

9.3.2　调试

通过日志和 ControlZ 可以了解各个组件的运行情况。Istio 还提供了一些命令来帮助调试和排查问题。

1. 获取网格状态

可以通过 proxy-status 命令（简化格式为 ps）来获取网格的状态，这个命令会输出网格中从 Pilot 到服务的 Envoy 代理发送和响应的 xDS 同步信息。

```
$ istioctl proxy-status
PROXY                                                           CDS        LDS
    EDS                     RDS             PILOT
```

```
details-v1-6dcc6fbb9d-wsjz4.default                      SYNCED    SYNCED
    SYNCED (100%)       SYNCED        Istio-pilot-75bdf98789-tfdvh
Istio-egressgateway-c49694485-l9d5l.Istio-system         SYNCED    SYNCED
    SYNCED (100%)       NOT SENT      Istio-pilot-75bdf98789-tfdvh
Istio-ingress-6458b8c98f-7ks48.Istio-system              SYNCED    SYNCED
    SYNCED (100%)       NOT SENT      Istio-pilot-75bdf98789-n2kqh
Istio-ingressgateway-7d6874b48f-qxhn5.Istio-system       SYNCED    SYNCED
    SYNCED (100%)       SYNCED        Istio-pilot-75bdf98789-n2kqh
productpage-v1-6c886ff494-hm7zk.default                  SYNCED    SYNCED
    SYNCED (100%)       STALE         Istio-pilot-75bdf98789-n2kqh
ratings-v1-5d9ff497bb-gslng.default                      SYNCED    SYNCED
    SYNCED (100%)       SYNCED        Istio-pilot-75bdf98789-n2kqh
reviews-v1-55d4c455db-zjj2m.default                      SYNCED    SYNCED
    SYNCED (100%)       SYNCED        Istio-pilot-75bdf98789-n2kqh
reviews-v2-686bbb668-99j76.default                       SYNCED    SYNCED
    SYNCED (100%)       SYNCED        Istio-pilot-75bdf98789-tfdvh
reviews-v3-7b9b5fdfd6-4r52s.default                      SYNCED    SYNCED
    SYNCED (100%)       SYNCED
```

返回信息的关键字如下。

- SYNCED (100%)：表示 Envoy 已经成功同步了集群中的所有端点。
- SYNCED：表示 Envoy 已经确认了 Pilot 上次发送给它的配置。
- NOT SENT：表示 Pilot 没有发送配置信息给 Envoy。
- STALE：表示 Pilot 已向 Envoy 发送更新但尚未收到确认。

有关 proxy-status 的具体使用方法可以通过 istioctl proxy-status --help 来查看，这里不再赘述。

2. 代理配置

可以通过 proxy-config 命令（简化格式为 pc）来查看代理的配置信息。命令的格式如下。

```
$ istioctl proxy-config <clusters|listeners|routes|endpoints|bootstrap> <pod-name>
```

目前可用的配置命令有 5 个。

- bootstrap：引导信息配置。
- cluster：集群配置。
- endpoint：端点配置。
- listener：监听器配置。

- route:路由配置。

比如,通过下面的命令可以查看我的 productpage Pod 的集群配置信息。

```
$ istioctl proxy-config cluster productpage-v1-67f5f8d767-5tfrq
istioctl pc cluster  productpage-v1-67f5f8d767-5tfrq
SERVICE FQDN                                             PORT      SUBSET
        DIRECTION       TYPE
BlackHoleCluster                                          -         -
        -               STATIC
compose-api.docker.svc.cluster.local                     443        -
        outbound        EDS
details.default.svc.cluster.local                        9080       -
        outbound        EDS
details.default.svc.cluster.local                        9080       v1
        outbound        EDS
... ...
```

3. 使用 GDB

GDB 是 Linux 下一个基于命令行的调试工具,虽然是基于命令行,但其功能非常强大。使用 GDB 调试 Istio 有两个要求:需要运行 Envoy、Mixer 和 Pilot 的 Docker 镜像;另外还需要最新版本的 GDB 和 Go 语言扩展。基本的调试步骤如下。

(1) kubectl exec -it PODNAME -c [proxy | mixer | pilot]。

(2) 查找进程 ID:ps ax。

(3) gdb -p PID binary。

9.3.3 故障排查

1. Istio 对 Pod 和服务的要求

如果想把自己的服务加入 Istio 服务网格,Kubernetes 集群中的 Pod 和服务必须满足特定的要求,否则服务将不能使用 Istio 的各项功能。因此当发现服务不能被 Istio 管理时,需要先检查下面的几条规则。

- 端口命名:服务端口必须进行命名,格式为<协议>[-<后缀>-]。支持的协议前缀包括 grpc、http、http2、https、mongo、redis、tcp、tls 以及 udp。比如, name: http2-foo 和 name: http 都是有效的端口名,但 name: pop 就是无效的。没有命名或者不合法的协议都会被认为是 TCP 流量。

- Pod 端口：Pod 必须明确包含容器的监听端口。未列出的端口都将绕过 Istio 代理。
- 关联服务：Pod 必须被关联到一个服务上。如果一个 Pod 属于多个服务，则这些服务不能在同一端口上使用不同的协议。
- Deployment 标签：要显式地为 Deployment 加上 app 以及 version 标签。
- Application UID：不使用 ID（UID）值为 1337 的用户来运行应用。
- NET_ADMIN 功能：如果集群中实施了 Pod 安全策略，则 Pod 必须具有 NET_ADMIN 功能。

2. 请求被 Envoy 拒绝

检查 Envoy 日志是查看相关问题的主要办法，可以通过下面的命令进行日志查看。

```
$ kubectl logs PODNAME -c Istio-proxy -n NAMESPACE
```

关于 Envoy 的详细的响应标志可以参考官方网站的定义，常见的响应标志包括以下几种。

- NR：没有配置路由，需要检查 DestinationRule 或 VirtualService。
- UO：上游溢出，熔断，需要检查熔断器配置。
- UF：无法连接到上游，如果开启了身份认证，则需要检查 mTLS 是否有冲突。

如果响应标志为 UAEX 且 Mixer 策略状态不是-，则 Mixer 拒绝请求。Mixer 有如下策略状态。

- UNAVAILABLE：Envoy 无法连接到 Mixer，策略配置为关闭失败。
- UNAUTHENTICATED：Mixer 身份验证拒绝该请求。
- PERMISSION_DENIED：Mixer 授权拒绝该请求。
- RESOURCE_EXHAUSTED：Mixer 配额拒绝该请求。
- INTERNAL：由于 Mixer 内部错误，请求被拒绝。

3. 设置目标规则后出现 503 错误

在应用一个 DestinationRule 之后，如果对服务的请求突然开始生成 HTTP 503 错误，并且该错误会一直持续到删除或回滚 DestinationRule 为止，那么这个 DestinationRule 可能引起了服务的 TLS 冲突。

举个例子来说，如果在集群上启用了全局的双向 TLS，那么 DestinationRule 必须包含下面的 trafficPolicy 定义。

```
trafficPolicy:
  tls:
    mode: ISTIO_MUTUAL
```

这一模式的默认值是 DISABLE，会导致客户端 Sidecar 使用明文 HTTP 请求，而不是 TLS 加密请求；而服务端却又要求接收加密请求，因此就产生了冲突。

可以执行 istioctl authn tls-check 命令来检查这一问题，查看该命令的返回内容中的 STATUS 字段是否为 CONFLICT。

```
$ istioctl authn tls-check httpbin.default.svc.cluster.local

HOST:PORT                                         STATUS      SERVER    CLIENT
   AUTHN POLICY       DESTINATION RULE
httpbin.default.svc.cluster.local:8000            CONFLICT    mTLS      HTTP
   default/           httpbin/default
```

不论何时，在应用 DestinationRule 时都应该确认 trafficPolicy TLS 模式是否符合全局设置的要求。

4. Headless TCP 服务连接丢失

如果部署了 Istio-citadel，则 Envoy 会每隔 15min 重启一次，来完成证书的刷新任务。这就造成了服务间的长连接以及 TCP 流的中断。

建议提高应用的适应能力，来应对这种断流情况。如果要阻止这种情况的发生，就要禁止双向 TLS 和 Istio-citadel 的部署。

首先编辑 Istio 配置来禁止双向 TLS。

```
$ kubectl edit configmap -n Istio-system Istio
$ kubectl delete pods -n Istio-system -l Istio=pilot
```

接下来对 Istio-citadel 进行缩容，来阻止 Envoy 的重启。

```
$ kubectl scale --replicas=0 deploy/Istio-citadel -n Istio-system
```

这样应该就能阻止 Istio 重启 Envoy，从而防止 TCP 连接的中断。

5. Envoy 崩溃

在高并发大流量下 Envoy 有可能会崩溃。检查一下 ulimit -a，很多系统默认设置打开文件描述符数量上限为 1024，这会导致 Envoy 断言失败而引发崩溃。

```
[2017-05-17 03:00:52.735][14236][critical][assert] assert failure: fd_ != -
1: external/envoy/source/common/network/connection_impl.cc:58
```

确认提高 ulimit 上限，比如 ulimit -n 16384。

6. Envoy 无法连接 HTTP/1.0 服务

Envoy 要求上游服务提供 HTTP/1.1 或者 HTTP/2。比如令 Nginx 在 Envoy 之后提供服务时，就需要在 Nginx 配置文件中设置 proxy_http_version 为 1.1，否则就会使用默认值 1.0。

配置样例如下。

```
upstream http_backend {
    server 127.0.0.1:8080;
    keepalive 16;
}
server {
    ...
    location /http/ {
        proxy_pass http://http_backend;
        proxy_http_version 1.1;
        proxy_set_header Connection "";
        ...
    }
}
```

9.4 小结

本章介绍了 3 个部分的进阶内容。首先是如何在云平台下安装和部署 Istio，我们选择了两个内置了 Istio 组件的平台 Google Cloud 和阿里云进行实例演示。然后介绍了故障注入和流量镜像两种高级流量控制的方法。最后介绍了 Istio 中的日志系统，以及如何通过日志和命令进行调试与故障排查。

附 录

本附录收录了 Helm 安装选项、属性词汇、表达式语言、适配器列表和 istioctl 命令 5 个方面的索引项，供读者参考。

附录 A　Helm 安装选项

安装 Helm 时可通过"—set key=value"的方式添加安装选项。本节列出了使用 Helm 安装 Istio 时的安装选项。

A.1　certmanager 选项

certmanager 选项键值如表 A-1 所示。

表 A-1　certmanager 选项键值表

键	默认值	描述
certmanager.enabled	true	
certmanager.hub	quay.io/jetstack	
certmanager.tag	v0.3.1	
certmanager.resources	{}	

A.2 galley 选项

galley 选项键值如表 A-2 所示。

表 A-2　　　　　　　　　　　　　galley 选项键值表

键	默认值	描述
galley.enabled	true	
galley.replicaCount	1	
galley.image	galley	

A.3 gateways 选项

gateways 选项键值如表 A-3 所示。

表 A-3　　　　　　　　　　　　gateways 选项键值表

键	默认值	描述
gateways.enabled	true	
gateways.Istio-ingressgateway.enabled	true	
gateways.Istio-ingressgateway.sds.enabled	false	如果是 true，入口网关从 SDS 服务器获取凭据来处理 TLS 连接
gateways.Istio-ingressgateway.sds.image	node-agent-k8s	监视 Kubernetes Secrets 和提供进入网关凭证的 SDS 服务器。此服务器运行在与 Ingress 网关相同的 Pod 中
gateways.Istio-ingressgateway.labels.app	Istio-ingressgateway	
gateways.Istio-ingressgateway.labels.Istio	ingressgateway	
gateways.Istio-ingressgateway.autoscaleEnabled	true	
gateways.Istio-ingressgateway.autoscaleMin	1	
gateways.Istio-ingressgateway.autoscaleMax	5	
gateways.Istio-ingressgateway.resources	{}	
gateways.Istio-ingressgateway.cpu.targetAverageUtilization	80	
gateways.Istio-ingressgateway.loadBalancerIP	""	
gateways.Istio-ingressgateway.loadBalancerSourceRanges	[]	
gateways.Istio-ingressgateway.externalIPs	[]	
gateways.Istio-ingressgateway.serviceAnnotations	{}	
gateways.Istio-ingressgateway.podAnnotations	{}	
gateways.Istio-ingressgateway.type	LoadBalancer	如果需要，可以改为 NodePort、ClusterIP 或 LoadBalancer
gateways.Istio-ingressgateway.ports.targetPort	80	
gateways.Istio-ingressgateway.ports.name	http2	

续表

键	默认值	描述
gateways.Istio-ingressgateway.ports.nodePort	31380	
gateways.Istio-ingressgateway.ports.name	https	
gateways.Istio-ingressgateway.ports.nodePort	31390	
gateways.Istio-ingressgateway.ports.name	tcp	
gateways.Istio-ingressgateway.ports.nodePort	31400	
gateways.Istio-ingressgateway.ports.targetPort	15029	
gateways.Istio-ingressgateway.ports.name	https-kiali	
gateways.Istio-ingressgateway.ports.targetPort	15030	
gateways.Istio-ingressgateway.ports.name	https-prometheus	
gateways.Istio-ingressgateway.ports.targetPort	15031	
gateways.Istio-ingressgateway.ports.name	https-grafana	
gateways.Istio-ingressgateway.ports.targetPort	15032	
gateways.Istio-ingressgateway.ports.name	https-tracing	
gateways.Istio-ingressgateway.ports.targetPort	15443	
gateways.Istio-ingressgateway.ports.name	tls	
gateways.Istio-ingressgateway.ports.targetPort	15020	
gateways.Istio-ingressgateway.ports.name	status-port	
gateways.Istio-ingressgateway.meshExpansionPorts.targetPort	15011	
gateways.Istio-ingressgateway.meshExpansionPorts.name	tcp-pilot-grpc-tls	
gateways.Istio-ingressgateway.meshExpansionPorts.targetPort	15004	
gateways.Istio-ingressgateway.meshExpansionPorts.name	tcp-mixer-grpc-tls	
gateways.Istio-ingressgateway.meshExpansionPorts.targetPort	8060	
gateways.Istio-ingressgateway.meshExpansionPorts.name	tcp-citadel-grpc-tls	
gateways.Istio-ingressgateway.meshExpansionPorts.targetPort	853	
gateways.Istio-ingressgateway.meshExpansionPorts.name	tcp-dns-tls	
gateways.Istio-ingressgateway.secretVolumes.secretName	Istio-ingressgateway-certs	
gateways.Istio-ingressgateway.secretVolumes.mountPath	/etc/Istio/ingressgateway-certs	
gateways.Istio-ingressgateway.secretVolumes.secretName	Istio-ingressgateway-ca-certs	
gateways.Istio-ingressgateway.secretVolumes.mountPath	/etc/Istio/ingressgateway-ca-certs	

续表

键	默认值	描述
gateways.Istio-ingressgateway.env.ISTIO_META_ROUTER_MODE	"sni-dnat"	具有此模式的网关确保 Pilot 为内部服务生成一组额外的集群，但不使用 Istio mTLS，从而支持跨集群路由
gateways.Istio-ingressgateway.nodeSelector	{}	
gateways.Istio-egressgateway.enabled	false	
gateways.Istio-egressgateway.labels.app	Istio-egressgateway	
gateways.Istio-egressgateway.labels.Istio	egressgateway	
gateways.Istio-egressgateway.autoscaleEnabled	true	
gateways.Istio-egressgateway.autoscaleMin	1	
gateways.Istio-egressgateway.autoscaleMax	5	
gateways.Istio-egressgateway.cpu.targetAverageUtilization	80	
gateways.Istio-egressgateway.serviceAnnotations	{}	
gateways.Istio-egressgateway.podAnnotations	{}	
gateways.Istio-egressgateway.type	ClusterIP	如果需要，可以改为 NodePort 或 LoadBalancer
gateways.Istio-egressgateway.ports.name	http2	
gateways.Istio-egressgateway.ports.name	https	
gateways.Istio-egressgateway.ports.targetPort	15443	
gateways.Istio-egressgateway.ports.name	tls	
gateways.Istio-egressgateway.secretVolumes.secretName	Istio-egressgateway-certs	
gateways.Istio-egressgateway.secretVolumes.mountPath	/etc/Istio/egressgateway-certs	
gateways.Istio-egressgateway.secretVolumes.secretName	Istio-egressgateway-ca-certs	
gateways.Istio-egressgateway.secretVolumes.mountPath	/etc/Istio/egressgateway-ca-certs	
gateways.Istio-egressgateway.env.ISTIO_META_ROUTER_MODE	"sni-dnat"	
gateways.Istio-egressgateway.nodeSelector	{}	
gateways.Istio-ilbgateway.enabled	false	
gateways.Istio-ilbgateway.labels.app	Istio-ilbgateway	
gateways.Istio-ilbgateway.labels.Istio	ilbgateway	
gateways.Istio-ilbgateway.autoscaleEnabled	true	
gateways.Istio-ilbgateway.autoscaleMin	1	
gateways.Istio-ilbgateway.autoscaleMax	5	
gateways.Istio-ilbgateway.cpu.targetAverageUtilization	80	

键	默认值	描述
gateways.Istio-ilbgateway.resources.requests.cpu	800m	
gateways.Istio-ilbgateway.resources.requests.memory	512Mi	
gateways.Istio-ilbgateway.loadBalancerIP	""	
gateways.Istio-ilbgateway.serviceAnnotations.cloud.google.com/load-balancer-type	"internal"	
gateways.Istio-ilbgateway.podAnnotations	{}	
gateways.Istio-ilbgateway.type	LoadBalancer	
gateways.Istio-ilbgateway.ports.name	grpc-pilot-mtls	
gateways.Istio-ilbgateway.ports.name	grpc-pilot	
gateways.Istio-ilbgateway.ports.targetPort	8060	
gateways.Istio-ilbgateway.ports.name	tcp-citadel-grpc-tls	
gateways.Istio-ilbgateway.ports.name	tcp-dns	
gateways.Istio-ilbgateway.secretVolumes.secretName	Istio-ilbgateway-certs	
gateways.Istio-ilbgateway.secretVolumes.mountPath	/etc/Istio/ilbgateway-certs	
gateways.Istio-ilbgateway.secretVolumes.secretName	Istio-ilbgateway-ca-certs	
gateways.Istio-ilbgateway.secretVolumes.mountPath	/etc/Istio/ilbgateway-ca-certs	
gateways.Istio-ilbgateway.nodeSelector	{}	

A.4　global 选项

global 选项键值如表 A-4 所示。

表 A-4　　　　　　　　　　global 选项键值表

键	默认值	描述
global.hub	gcr.io/Istio-release	Istio 镜像的默认 Hub。发布在 Docker Hub 的 Istio 项目下。Daily build 在 gcr.io 上，Nightly build 在 docker.io/Istionightly 上
global.tag	release-1.1-latest-daily	Istio 镜像的默认 Tag
global.monitoringPort	15014	Mixer、Pilot 和 Galley 使用的监控端口
global.k8sIngress.enabled	false	
global.k8sIngress.gatewayName	ingressgateway	用于 Kubernetes 入口资源的网关。默认情况下，它使用的是 Istio: ingressgateway，通过设置 gateways.enabled 和 gateways.Istio-ingressgateway.enabled 为 true 来安装

续表

键	默认值	描述
global.k8sIngress.enableHttps	false	Enable HTTPS 将在入口添加端口 443。它要求将证书安装在预期的 secret 中——在没有证书的情况下启用此选项将导致 LDS 拒绝,并且入口将无法工作
global.proxy.image	proxyv2	
global.proxy.clusterDomain	"cluster.local"	
global.proxy.resources.requests.cpu	100m	
global.proxy.resources.requests.memory	128Mi	
global.proxy.resources.limits.cpu	2000m	
global.proxy.resources.limits.memory	128Mi	
global.proxy.concurrency	2	控制代理 worker 的线程数量。如果设置为 0,则为每个 CPU 内核启动一个 worker 线程
global.proxy.accessLogFile	""	
global.proxy.accessLogFormat	""	配置 Sidecar 访问 Log 显示什么样的字段。设置为空将返回默认日志格式
global.proxy.accessLogEncoding	TEXT	配置访问日志的格式为 JSON 或 TEXT
global.proxy.dnsRefreshRate	5s	为类型为 STRICT_DNS 的 Envoy 集群配置 DNS 刷新率。5s 是 Envoy 使用的默认刷新率
global.proxy.privileged	false	如果设置为 true,代理容器将拥有 SecurityContext 权限
global.proxy.enableCoreDump	false	如果设置,新注入的 Sidecar 将启用核心转储
global.proxy.statusPort	15020	Pilot Agent 健康检查的默认端口。0 值表示关闭健康检查
global.proxy.readinessInitialDelaySeconds	1	ReadinessProbe 初始化延迟的秒数
global.proxy.readinessPeriodSeconds	2	ReadinessProbe 之间的间隔
global.proxy.readinessFailureThreshold	30	在指示准备就绪失败之前,连续探测失败的数量
global.proxy.includeIPRanges	"*"	
global.proxy.excludeIPRanges	""	
global.proxy.kubevirtInterfaces	""	Pod 内部接口
global.proxy.includeInboundPorts	"*"	
global.proxy.excludeInboundPorts	""	
global.proxy.autoInject	enabled	控制 Sidecar 注入器的策略

续表

键	默认值	描述
global.proxy.envoyStatsd.enabled	false	如果设置为 true，则必须提供 host 和 port。Istio 不再提供 statsD 收集器
global.proxy.envoyStatsd.host	``	比如：statsd-svc.Istio-system
global.proxy.envoyStatsd.port	``	比如：9125
global.proxy.envoyMetricsService.enabled	false	
global.proxy.envoyMetricsService.host	``	比如：metrics-service.Istio-system
global.proxy.envoyMetricsService.port	``	比如：15000
global.proxy.tracer	"zipkin"	声明使用的 Tracer：LightStep 或 Zipkin
global.proxy_init.image	proxy_init	proxy_init 容器的基本名称，用来配置 iptables
global.imagePullPolicy	IfNotPresent	
global.controlPlaneSecurityEnabled	false	controlPlaneMtls 启用。将导致在传播 secret 时启动 Pilot 的延迟，不建议用于测试
global.disablePolicyChecks	true	disablePolicyChecks 禁用 Mixer 策略检查。如果 mixer.policy.enable ==true，则 disablePolicyChecks 具有影响。将在 Istio 配置映射中设置同名的值——需要重新启动 Pilot 才能生效
global.policyCheckFailOpen	false	policyCheckFailOpen 允许在无法到达 Mixer 策略服务的情况下进行通信。默认值为 false，这意味着当客户端无法连接到 Mixer 时，流量将被拒绝
global.enableTracing	true	启用 Tracing，需要 Pilot 重启生效
global.tracer.lightstep.address	""	比如：lightstep-satellite:443
global.tracer.lightstep.accessToken	""	比如：abcdefg1234567
global.tracer.lightstep.secure	true	比如：true|false
global.tracer.lightstep.cacertPath	""	比如：/etc/lightstep/cacert.pem
global.tracer.zipkin.address	""	
global.mtls.enabled	false	默认设置服务到服务 mTLS。可以使用目标规则或服务注释显式设置
global.arch.amd64	2	
global.arch.s390x	2	
global.arch.ppc64le	2	
global.oneNamespace	false	是否限制控制器管理的应用程序命名空间，如果未设置，控制器将监视所有命名空间

续表

键	默认值	描述
global.defaultNodeSelector	{}	将默认节点选择器应用于所有部署，以便所有 Pod 都可以被约束为运行特定节点。每个组件都可以通过在下面的相关部分中添加节点选择器块并设置所需的值来覆盖这些默认值
global.configValidation	true	是否执行服务端配置验证
global.meshExpansion.enabled	false	
global.meshExpansion.useILB	false	如果设置为 true，Pilot、Citadel mTLS 和纯文本 Pilot 端口将暴露在内部网关上
global.multiCluster.enabled	false	当两个 Kubernetes 集群中的 Pod 不能彼此直接通信时，将其设置为 true，以便通过各自的 IngressGateway 服务连接两个 Kubernetes 集群。所有集群都应该使用 Istio mTLS，并且必须有一个共享的根 CA 才能让这个模型工作
global.defaultResources.requests.cpu	10m	
global.defaultPodDisruptionBudget.enabled	true	
global.priorityClassName	""	
global.useMCP	true	为 Mixer 和 Pilot 配置要使用网格控制协议 (MCP) 需要启用 Galley(--set galley.enabled=true)
global.trustDomain	""	
global.outboundTrafficPolicy.mode	ALLOW_ANY	
global.sds.enabled	false	SDS 启用。如果设置为 true，Sidecar 的 mTLS 证书将通过 Secret Discovery-Service 分发，而不是使用 Kubernetes secret 来挂载证书
global.sds.udsPath	""	
global.sds.useTrustworthyJwt	false	
global.sds.useNormalJwt	false	
global.meshNetworks	{}	
global.enableHelmTest	false	指定是否启用 Helm Test。默认是 false，Helm Template 在生成模板时将忽略 Helm Test

A.5　grafana 选项

grafana 选项键值如表 A-5 所示。

表 A-5　　　　　　　　　　grafana 选项键值表

键	默认值	描述
grafana.enabled	false	
grafana.replicaCount	1	
grafana.image.repository	grafana/grafana	
grafana.image.tag	5.4.0	
grafana.ingress.enabled	false	
grafana.ingress.hosts	grafana.local	用来创建 Ingress 记录
grafana.persist	false	
grafana.storageClassName	""	
grafana.accessMode	ReadWriteMany	
grafana.security.enabled	false	
grafana.security.secretName	grafana	
grafana.security.usernameKey	username	
grafana.security.passphraseKey	passphrase	
grafana.nodeSelector	{}	
grafana.contextPath	/grafana	
grafana.service.annotations	{}	
grafana.service.name	http	
grafana.service.type	ClusterIP	
grafana.service.externalPort	3000	
grafana.datasources.datasources.apiVersion	1	
grafana.datasources.datasources.datasources.type	prometheus	
grafana.datasources.datasources.datasources.orgId	1	
grafana.datasources.datasources.datasources.url	http://prometheus:9090	
grafana.datasources.datasources.datasources.access	proxy	
grafana.datasources.datasources.datasources.isDefault	true	
grafana.datasources.datasources.datasources.jsonData.timeInterval	5s	
grafana.datasources.datasources.datasources.editable	true	
grafana.dashboardProviders.dashboardproviders.apiVersion	1	
grafana.dashboardProviders.dashboardproviders.providers.orgId	1	
grafana.dashboardProviders.dashboardproviders.providers.folder	'Istio'	
grafana.dashboardProviders.dashboardproviders.providers.type	file	
grafana.dashboardProviders.dashboardproviders.providers.disableDeletion	false	
grafana.dashboardProviders.dashboardproviders.providers.选项.path	/var/lib/grafana/dashboards/Istio	

A.6 Istio_cni 选项

Istio_cni 选项键值如表 A-6 所示。

表 A-6　　Istio_cni 选项键值表

键	默认值	描述
Istio_cni.enabled	false	

A.7 Istiocoredns 选项

Istiocoredns 选项键值如表 A-7 所示。

表 A-7　　Istiocoredns 选项键值表

键	默认值	描述
Istiocoredns.enabled	false	
Istiocoredns.replicaCount	1	
Istiocoredns.coreDNSImage	coredns/coredns:1.1.2	
Istiocoredns.coreDNSPluginImage	Istio/coredns-plugin:0.2-Istio-1.1	
Istiocoredns.nodeSelector	{}	

A.8 kiali 选项

kiali 选项键值如表 A-8 所示。

表 A-8　　kiali 选项键值表

键	默认值	描述
kiali.enabled	false	如果使用 demo 或者 demo-auth yaml 文件通过 Helm 安装，默认值为 true
kiali.replicaCount	1	
kiali.hub	docker.io/kiali	
kiali.tag	v0.14	
kiali.contextPath	/kiali	访问 Kiali UI 的根 Context 路径
kiali.nodeSelector	{}	
kiali.ingress.enabled	false	
kiali.ingress.hosts	kiali.local	

续表

键	默认值	描述
kiali.dashboard.secretName	kiali	必须为这个名称创建一个 secret
kiali.dashboard.usernameKey	username	这是密钥中的键名，其值是实际的用户名
kiali.dashboard.passphraseKey	passphrase	这是密钥中的键名，其值是实际的密码
kiali.dashboard.grafanaURL	""	如果已经安装了 Grafana，并且客户端浏览器可以访问它，那么将其设置为外部 URL。当显示 Grafana 指标时，Kiali 将把用户重定向到这个 URL
kiali.dashboard.jaegerURL	""	如果已经安装了 Jaeger，并且客户机浏览器可以访问它，那么将该属性设置为外部 URL。当显示 Jaeger 跟踪时，Kiali 将把用户重定向到这个 URL
kiali.prometheusAddr	http://prometheus:9090	
kiali.createDemoSecret	false	当为 true 时，将使用默认用户名和密码创建一个密钥用于演示

A.9　mixer 选项

mixer 选项键值如表 A-9 所示。

表 A-9　　　　　　　　　　mixer 选项键值表

键	默认值	描述
mixer.enabled	true	
mixer.image	mixer	
mixer.env.GODEBUG	gctrace=1	
mixer.env.GOMAXPROCS	"6"	最大进程为 CPU 数量+1
mixer.policy.enabled	false	如果策略开启，global.disablePolicyChecks 有效
mixer.policy.replicaCount	1	
mixer.policy.autoscaleEnabled	true	
mixer.policy.autoscaleMin	1	
mixer.policy.autoscaleMax	5	
mixer.policy.cpu.targetAverageUtilization	80	
mixer.telemetry.enabled	true	
mixer.telemetry.replicaCount	1	
mixer.telemetry.autoscaleEnabled	true	
mixer.telemetry.autoscaleMin	1	
mixer.telemetry.autoscaleMax	5	
mixer.telemetry.cpu.targetAverageUtilization	80	

续表

键	默认值	描述
mixer.telemetry.sessionAffinityEnabled	false	
mixer.telemetry.loadshedding.mode	enforce	disabled、logonly 或 enforce
mixer.telemetry.loadshedding.latencyThreshold	100ms	根据测量值,将 100ms p50 转换成 p99 的 1 以下。这对于本质上是异步的遥测来说是可以的
mixer.telemetry.resources.requests.cpu	1000m	
mixer.telemetry.resources.requests.memory	1G	
mixer.telemetry.resources.limits.cpu	4800m	最好使用适当的 CPU 分配来实现 Mixer 的水平扩展。通过实验发现,这些值工作得很好
mixer.telemetry.resources.limits.memory	4G	
mixer.podAnnotations	{}	
mixer.nodeSelector	{}	
mixer.adapters.Kubernetesenv.enabled	true	
mixer.adapters.stdio.enabled	false	
mixer.adapters.stdio.outputAsJson	true	
mixer.adapters.prometheus.enabled	true	
mixer.adapters.prometheus.metricsExpiryDuration	10m	
mixer.adapters.useAdapterCRDs	true	false 代表 useAdapterCRDs mixer 启动参数为 false

A.10 nodeagent 选项

nodeagent 选项键值如表 A-10 所示。

表 A-10   nodeagent 选项键值表

键	默认值	描述
nodeagent.enabled	false	
nodeagent.image	node-agent-k8s	
nodeagent.env.CA_PROVIDER	""	认证提供者的名称
nodeagent.env.CA_ADDR	""	CA Endpoint
nodeagent.env.Plugins	""	认证提供者的插件名称
nodeagent.nodeSelector	{}	

A.11 pilot 选项

pilot 选项键值如表 A-11 所示。

表 A-11　　　　　　　　　　pilot 选项键值表

键	默认值	描述
pilot.enabled	true	
pilot.autoscaleEnabled	true	
pilot.autoscaleMin	1	
pilot.autoscaleMax	5	
pilot.image	pilot	
pilot.sidecar	true	
pilot.traceSampling	1.0	
pilot.resources.requests.cpu	500m	
pilot.resources.requests.memory	2048Mi	
pilot.env.PILOT_PUSH_THROTTLE	100	
pilot.env.GODEBUG	gctrace=1	
pilot.cpu.targetAverageUtilization	80	
pilot.nodeSelector	{}	
pilot.keepaliveMaxServerConnectionAge	30m	用来限制 Sidecar 和 Pilot 的连接时间。它平衡了 Pilot 实例之间的负载，但代价是增加了系统的负载

A.12　prometheus 选项

prometheus 选项键值如表 A-12 所示。

表 A-12　　　　　　　　　　prometheus 选项键值表

键	默认值	描述
prometheus.enabled	true	
prometheus.replicaCount	1	
prometheus.hub	docker.io/prom	
prometheus.tag	v2.3.1	
prometheus.retention	6h	
prometheus.nodeSelector	{}	
prometheus.scrapeInterval	15s	
prometheus.contextPath	/prometheus	
prometheus.ingress.enabled	false	
prometheus.ingress.hosts	prometheus.local	
prometheus.service.annotations	{}	
prometheus.service.nodePort.enabled	false	
prometheus.service.nodePort.port	32090	
prometheus.security.enabled	true	

A.13 security 选项

security 选项键值如表 A-13 所示。

表 A-13　　　　　　　　　　security 选项键值表

键	默认值	描述
security.enabled	true	
security.replicaCount	1	
security.image	citadel	
security.selfSigned	true	表示子签名的 CA 被使用
security.createMeshPolicy	true	
security.nodeSelector	{}	

A.14 servicegraph 选项

servicegraph 选项键值如表 A-14 所示。

表 A-14　　　　　　　　　　servicegraph 选项键值表

键	默认值	描述
servicegraph.enabled	false	
servicegraph.replicaCount	1	
servicegraph.image	servicegraph	
servicegraph.nodeSelector	{}	
servicegraph.service.annotations	{}	
servicegraph.service.name	http	
servicegraph.service.type	ClusterIP	
servicegraph.service.externalPort	8088	
servicegraph.ingress.enabled	false	
servicegraph.ingress.hosts	servicegraph.local	
servicegraph.prometheusAddr	http://prometheus:9090	

A.15 sidecarInjectorWebhook 选项

sidecarInjectorWebhook 选项键值如表 A-15 所示。

表 A-15　　　　　　　sidecarInjectorWebhook 选项键值表

键	默认值	描述
sidecarInjectorWebhook.enabled	true	
sidecarInjectorWebhook.replicaCount	1	
sidecarInjectorWebhook.image	sidecar_injector	
sidecarInjectorWebhook.enableNamespacesByDefault	false	
sidecarInjectorWebhook.nodeSelector	{}	
sidecarInjectorWebhook.rewriteAppHTTPProbe	false	如果是 true，webhook 或 istioctl 注入器将重写 PodSpec 以进行活性健康检查，将请求重定向到 Sidecar。这使得即使在启用 mTLS 时，活性检查也可以工作

A.16　tracing 选项

tracing 选项键值如表 A-16 所示。

表 A-16　　　　　　　tracing 选项键值表

键	默认值	描述
tracing.enabled	false	
tracing.provider	jaeger	
tracing.nodeSelector	{}	
tracing.jaeger.hub	docker.io/jaegertracing	
tracing.jaeger.tag	1.9	
tracing.jaeger.memory.max_traces	50000	
tracing.zipkin.hub	docker.io/openzipkin	
tracing.zipkin.tag	2	
tracing.zipkin.probeStartupDelay	200	
tracing.zipkin.queryPort	9411	
tracing.zipkin.resources.limits.cpu	300m	
tracing.zipkin.resources.limits.memory	900Mi	
tracing.zipkin.resources.requests.cpu	150m	
tracing.zipkin.resources.requests.memory	900Mi	
tracing.zipkin.javaOptsHeap	700	
tracing.zipkin.maxSpans	500000	
tracing.zipkin.node.cpus	2	
tracing.service.annotations	{}	
tracing.service.name	http	
tracing.service.type	ClusterIP	
tracing.service.externalPort	9411	
tracing.ingress.enabled	false	

附录 B 属性词汇表

属性词汇是 Istio 里的核心概念，在配置中经常要用到。Envoy 和 Mixer 都会产生属性，表 B-1 给出了一个完整的属性列表。

表 B-1　　　　　　　　　　　　　　属性列表

名称	类型	描述	Kubernetes 示例
source.uid	string	源 UID	Kubernetes://redis-master-2353460263-1ecey.my-namespace
source.ip	ip_address	源 IP 地址	10.0.0.117
source.labels	map[string, string]	源标签	Version ≥ v1
source.name	string	源名称	redis-master-2353460263-1ecey
source.namespace	string	源命名空间	my-namespace
source.principal	string	源认证	service-account-foo
source.owner	string	控制源的工作负载	Kubernetes://apis/extensions/v1beta1/namespaces/Istio-system/deployments/Istio-policy
source.workload.uid	string	源工作负载的 UID	Istio://Istio-system/workloads/Istio-policy
source.workload.name	string	源工作负载的名称	Istio-policy
source.workload.namespace	string	源工作负载的命名空间	Istio-system
destination.uid	string	目标 UID	Kubernetes://my-svc-234443-5sffe.my-namespace
destination.ip	ip_address	目标 IP 地址	10.0.0.104
destination.port	int64	目标端口	8080
destination.labels	map[string, string]	服务器实例附带的键值对 map	version ≥ v2
destination.name	string	目标名称	Istio-telemetry-2359333
destination.namespace	string	目标命名空间	Istio-system
destination.principal	string	目标认证机构	service-account
destination.owner	string	控制目标的工作负载	Kubernetes://apis/extensions/v1beta1/namespaces/Istio-system/deployments/Istio-telemetry
destination.workload.uid	string	目标工作负载的 UID	Istio://Istio-system/workloads/Istio-telemetry
destination.workload.name	string	目标工作负载的名称	Istio-telemetry

续表

名称	类型	描述	Kubernetes 示例
destination.workload.namespace	string	目标工作负载的命名空间	Istio-system
destination.container.name	string	服务器工作负载的容器名称	Mixer
destination.container.image	string	目标容器的镜像	gcr.io/Istio-testing/mixer:0.8.0
destination.service.host	string	目标主机地址	Istio-telemetry.Istio-system.svc.cluster.local
destination.service.uid	string	目标服务 UID	Istio://Istio-system/services/Istio-telemetry
destination.service.name	string	目标服务的名称	Istio-telemetry
destination.service.namespace	string	目标服务的命名空间	Istio-system
request.headers	map[string, string]	HTTP 请求头	
request.id	string	从统计角度上拥有低碰撞概率的请求 ID	
request.path	string	包括 Query String 的 HTTP URL 路径	
request.url_path	string	带有分离 Query String 的 HTTP URL 路径部分	
request.query_params	map[string, string]	从 HTTP URL 提取的 query 参数的 map	
request.host	string	HTTP/1.x 请求头中的 Host 字段或者是 HTTP/2 请求头中的 authority 字段	redis-master:3337
request.method	string	HTTP 请求方法	
request.reason	string	请求理由	
request.referer	string	HTTP 请求头中的 referer 字段	
request.scheme	string	请求的 URI Scheme	
request.size	int64	请求大小	
request.total_size	int64	请求的总大小，包括请求头、消息体和结束符	
request.time	timestamp	目标收到请求时的时间戳	
request.useragent	string	HTTP 请求头中的 User-Agent 字段	
response.headers	map[string, string]	HTTP 响应头，key 使用小写	
response.size	int64	响应消息体大小	
response.total_size	int64	整个 HTTP 响应的大小，包括响应头和消息体	

续表

名称	类型	描述	Kubernetes 示例
response.time	timestamp	目标产生响应时的时间戳	
response.duration	duration	生成响应总共花费的时间	
response.code	int64	HTTP 响应的状态码	
response.grpc_status	string	gRPC 响应的状态码	
response.grpc_message	string	gRPC 响应的状态消息	
connection.id	string	TCP 连接 ID	
connection.event	string	TCP 连接事件，包括 open、continue 和 close	
connection.received.bytes	int64	目标服务在此连接上接收到的字节数	
connection.received.bytes_total	int64	目标服务接收到的全部字节数	
connection.sent.bytes	int64	目标服务在此连接上发送的字节数	
connection.sent.bytes_total	int64	目标服务发送的全部字节数	
connection.duration	duration	连接的总时长	
connection.mtls	boolean	接收到的请求是否来自于启用了 mTLS 的下游连接	
connection.requested_server_name	string	连接请求的服务器名	
context.protocol	string	连接的协议	TCP
context.time	timestamp	Mixer 操作的时间戳	
context.reporter.kind	string	将报告的属性集上下文中。将来自 Sidecar 的服务器端调用设置为 inbound；将来自 Sidecar 和网关的客户端调用设置为 Outbound	Inbound
context.reporter.uid	string	属性报告者 UID	Kubernetes://my-svc-234443-5sffe.my-namespace
api.service	string	公开的服务名	my-svc.com
api.version	string	API 版本	v1alpha1
api.operation	string	用于辨别操作的唯一字符串	getPetsById
api.protocol	string	API 调用的协议类型	HTTP、HTTPS 或 gRPC
request.auth.principal	string	请求的经过身份验证的主体	issuer@foo.com/sub@foo.com
request.auth.audiences	string	身份验证信息的目标受众	au1
request.auth.presenter	string	授权证书的出示人	123456789012.my-svc.com
request.auth.claims	map[string, string]	原始 JWT 中所有的字符串声明	iss: issuer@foo.com, sub: sub@foo.com, aud: aud1

续表

名称	类型	描述	Kubernetes 示例
request.api_key	string	用于请求的 API key	abcde12345
check.error_code	int64	Mixer Check 调用的错误码	5
check.error_message	string	Mixer Check 调用的错误消息	Could not find the resource
check.cache_hit	boolean	标示 Mixer Check 调用是否命中本地缓存	
quota.cache_hit	boolean	标示 Mixer 限额调用是否命中本地缓存	

附录 C 表达式语言

表 C-1 汇总了 Mixer 在策略配置时用到的表达式。

表 C-1　　　　　　　　　Mixer 策略配置表达式表

运算符/函数	定义	例子	描述
==	相等	request.size == 200	
!=	不相等	request.auth.principal != "admin"	
||	或	(request.size == 200) ||"(request.auth.principal == "admin")	
&&	与	(request.size == 200) && (request.auth.principal == "admin")	
[ ]	Map 访问	request.headers["x-request-id"]	
+	加	request.host + request.path	
|	默认值	source.labels["app"] |"source.labels["svc"] | "unknown"	
match	匹配	match(destination.service, "*.ns1.svc.cluster.local")	用 * 匹配前缀或后缀
email	把 email 转换为 EMAIL_ADDRESS 类型	email("awesome@Istio.io")	
dnsName	把域名转换为 DNS_NAME 类型	dnsName("www.Istio.io")	
ip	把 IP 地址转换为 IP_ADDRESS 类型	source.ip == ip("10.11.12.13")	
timestamp	把时间字符串转为 TIMESTAMP 类型	timestamp("2015-01-02T15:04:35Z")	

续表

运算符/函数	定义	例子	描述
uri	把 URI 字符串转为 URI 类型	uri("http://Istio.io")	
.matches	正则表达式匹配	"svc.*".matches(destination.service)	用正则表达式"svc.*" 匹配 destination.service
.startsWith	匹配字符串前缀	destination.service.startsWith("acme")	匹配 destination.service 字符串是否以 acme 开始
.endsWith	匹配字符串后缀	destination.service.endsWith("acme")	匹配 destination.service 字符串是否以 acme 结束
emptyStringMap	创建一个空字符串 Map	request.headers | emptyStringMap()	用空字符串 Map 作为 request.headers 的默认值
conditional	三元操作符	conditional((context.reporter.kind |""inbound") == "outbound", "client", "server")	如果 reporter.kind 的值是 outbound 返回 client, 否则返回 server
toLower	将字符串转换成小写	toLower("User-Agent")	返回 user-agent

附录 D 适配器列表

表 D-1 汇总了适配器及相关的说明。

表 D-1　　　　　　　　　　　适配器列表

适配器	说明
Apigee	分布式策略检查以及分析适配器
Circonus	CIRCONUS 网站的监控解决方案
CloudMonitor	CloudMonitor 适配器
Deiner	按前提条件拒绝的适配器
Fluentd	Fluentd 日志适配器
SignalFx	SignalFx 适配器
Kubernetes Env	Kubernetes 环境信息适配器
List	黑白名单列表
Memory quota	内存配额管理
Redis quota	Redis 配额管理
Service control	向 Google Service Control 发送日志和指标
statsd	向 StatsD 发送指标
Stdio	标准输出适配器

附录 E　命令行工具 istioctl

本节列出了使用这一命令的格式和选项，读者也可以通过--help的方式获取它的帮助文档。表 E-1 为全局参数，在每个子命令中都可以使用表格中的选项。

表 E-1　　　　　　　　　　全局参数表

选项	缩写	描述
--context \<string\>		kubeconfig 上下文名称（默认值""）
--IstioNamespace \<string\>	-i	Istio 命名空间（默认值 Istio-system）
--kubeconfig \<string\>	-c	Kubernetes 配置文件（默认值""）
--log_as_json		日志以 JSON 格式输出
--log_caller \<string\>		以逗号分隔调用者信息范围列表（默认值""）
--log_output_level \<string\>		日志输出级别（默认值 default:info）
--log_rotate \<string\>		日志轮转文件的路径（默认值""）
--log_rotate_max_age \<int\>		日志轮转的最大天数（0 代表无限制，默认值 30）
--log_rotate_max_backups \<int\>		日志文件备份的最大数量（0 代表无限制，默认值 1000）
--log_rotate_max_size \<int\>		日志轮转触发的最大尺寸，单位为 M（默认值 104857600）
--log_stacktrace_level \<string\>		堆栈跟踪信息的日志级别（默认值 default:none）
--log_target \<stringArray\>		日志输出路径（默认值[stdout]）
--namespace \<string\>	-n	配置命名空间（默认值""）
--platform \<string\>	-p	Istio 的平台（默认值 kube）

E.1　istioctl authn

检查认证策略和目标规则之间的 TLS 设置是否匹配。

```
# 检查所有服务的设置
Istioclt authn tls-check
# 检查特定的某个服务
Istioclt authn tls-check foo.bar.svc.cluster.local
```

E.2　istioctl create

创建策略或规则。

```
$ istioctl create -f example-routing.yaml
```

E.3　istioctl delete

删除策略或规则。

```
# 删除 YAML 文件中的规则
istioctl delete -f example-routing.yaml
# 删除 Bookinfo 应用中的 VirtualService
istioctl delete virtualservice bookinfo
```

E.4　istioctl deregister

解除服务注册。

```
# 从服务 my-svc 中解除 172.17.0.2 的注册
istioctl deregister my-svc 172.17.0.2
```

E.5　istioctl gen-deploy

生成 Istio 的部署文件。

```
$ istioctl gen-deploy [选项]
```

可用参数如表 E-2 所示。

表 E-2　　　　　　　　　　istioctl gen-deploy 参数列表

选项	描述
--debug	使用 Debug 镜像代替普通镜像
--helm-chart-dir \<string\>	使用 dir 目录的 helm chart 生成 Istio 部署
--hyperkube-hub \<string\>	拉取 Hyperkube 镜像的容器仓库
--hyperkube-tag \<Hyperkube\>	Hyperkube 镜像的 Tag
--ingress-node-port \<uint16\>	如果指定了此选项，Istio Ingress 会以 NodePort 的形式运行，并映射到指定的端口
--values \<string\>	values.yaml 文件的路径

比如，生成名为 myvalues.yaml 的部署文件。

```
$ istioctl gen-deploy --values myvalues.yaml
```

E.6　istioctl get

获取规则和策略。

```
$ istioctl get <类型> [<名称>] [选项]
```

可用参数如表 E-3 所示。

表 E-3　　　　　　　　　　istioctl get 参数列表

选项	缩写	描述
--all-namespaces		列出所有命名空间中的对象
--namespace <string>	-n	目标命名空间（默认值""）
--output <string>	-o	输出格式，包括 YAML 和 Short

典型用例。

```
# 列出所有的 DestinationRule
istioctl get destinationrules
# 获取名为 bookinfo 的 VirtualService
istioctl get virtualservice bookinfo
```

E.7　istioctl kube-inject

将 Envoy Sidecar 注入 Kubernetes 负载中。

```
$ istioctl kube-inject [选项]
```

可用参数如表 E-4 所示。

表 E-4　　　　　　　　　　istioctl kube-inject 参数列表

选项	缩写	描述
--filename <string>	-f	Kubernetes 资源文件名（默认值""）
--injectConfigFile <string>		注入配置文件名,不能和--injectConfigMapName 同时使用（默认值""）
--injectConfigMapName <string>		Istio Sidecar 注入配置的 ConfigMap 名称，Key 名称是 config。（默认值 Istio-sidecar-injector）
--output <string>	-o	注入后输出的资源文件名（默认值""）

典型用比如下。

```
# 对资源文件进行更新
kubectl apply -f <(istioctl kube-inject -f <resource.yaml>)
# 执行 Envoy Sidecar 注入并保存文件
```

```
istioctl kube-inject -f deployment.yaml -o deployment-injected.yaml
```

E.8　istioctl proxy-config

用来从 Envoy 中获取配置信息，具体如表 E-5 所示。

表 E-5　　　　　　　　　istioctl proxy-config 选项表

选项	缩写	描述
--output <string>	-o	输出格式，JSON 或者 Short

典型用比如下。

```
# 从 Envoy 实例中获取代理配置方面的信息
istioctl proxy-config <clusters|listeners|routes|endpoints|bootstrap> <pod-name>
```

E.9　istioctl register

把一个服务实例（如虚拟机）注册到网格之中。

```
$ istioctl register <svcname> <ip> [name1:]port1 [name2:]port2 ... [flags]
```

可用参数如表 E-6 所示。

表 E-6　　　　　　　　　istioctl register 参数列表

选项	缩写	描述
--annotations <stringSlice>	-a	一个字符串列表，用于给注册服务或者端点提供注解
--serviceaccount <string>	-s	绑定到该服务的 Service Account

E.10　istioctl replace

替换现有的策略和规则。

```
$ istioctl replace -f example-routing.yaml
```

E.11　istioctl version

输出版本信息。

```
$ istioctl version
```